好奇心驾到

100 个了不起的发明

[英] 克莱夫 · 吉福德 著　古逸霏 绘
张媛媛 译

中信出版集团 | 北京

图书在版编目（CIP）数据

好奇心驾到 ：100个了不起的发明 / （英）克莱夫·吉福德著 ；古逸霏绘 ；张媛媛译. -- 北京 ：中信出版社，2022.7
书名原文：100 THINGS TO KNOW ABOUT INVENTIONS
ISBN 978-7-5217-4171-1

Ⅰ. ①好… Ⅱ. ①克… ②古… ③张… Ⅲ. ①创造发明—儿童读物 Ⅳ. ①N19-49

中国版本图书馆CIP数据核字(2022)第051659号

100 THINGS TO KNOW ABOUT INVENTIONS
Author: Clive Gifford
Illustrator: Yiffy Gu

First published in 2021 by Happy Yak,
an imprint of The Quarto Group.
The Old Brewery, 6 Blundell Street,
London N7 9BH, United Kingdom.

好奇心驾到：100个了不起的发明

著　　者：[英]克莱夫·吉福德
绘　　者：古逸霏
译　　者：张媛媛
出版发行：中信出版集团股份有限公司
（北京市朝阳区惠新东街甲4号富盛大厦2座　邮编　100029）
承 印 者：北京华联印刷有限公司

开　　本：889mm × 1194mm　1/16　　印　　张：7　　字　　数：110千字
版　　次：2022年7月第1版　　印　　次：2022年7月第1次印刷
京权图字：01-2022-1411
书　　号：ISBN 978-7-5217-4171-1
定　　价：39.00元

出　　品：中信儿童书店
图书策划：好奇岛
策划编辑：杨立朋　　责任编辑：王欢　　营销编辑：张琛
封面设计：李然　　内文排版：郑超荣

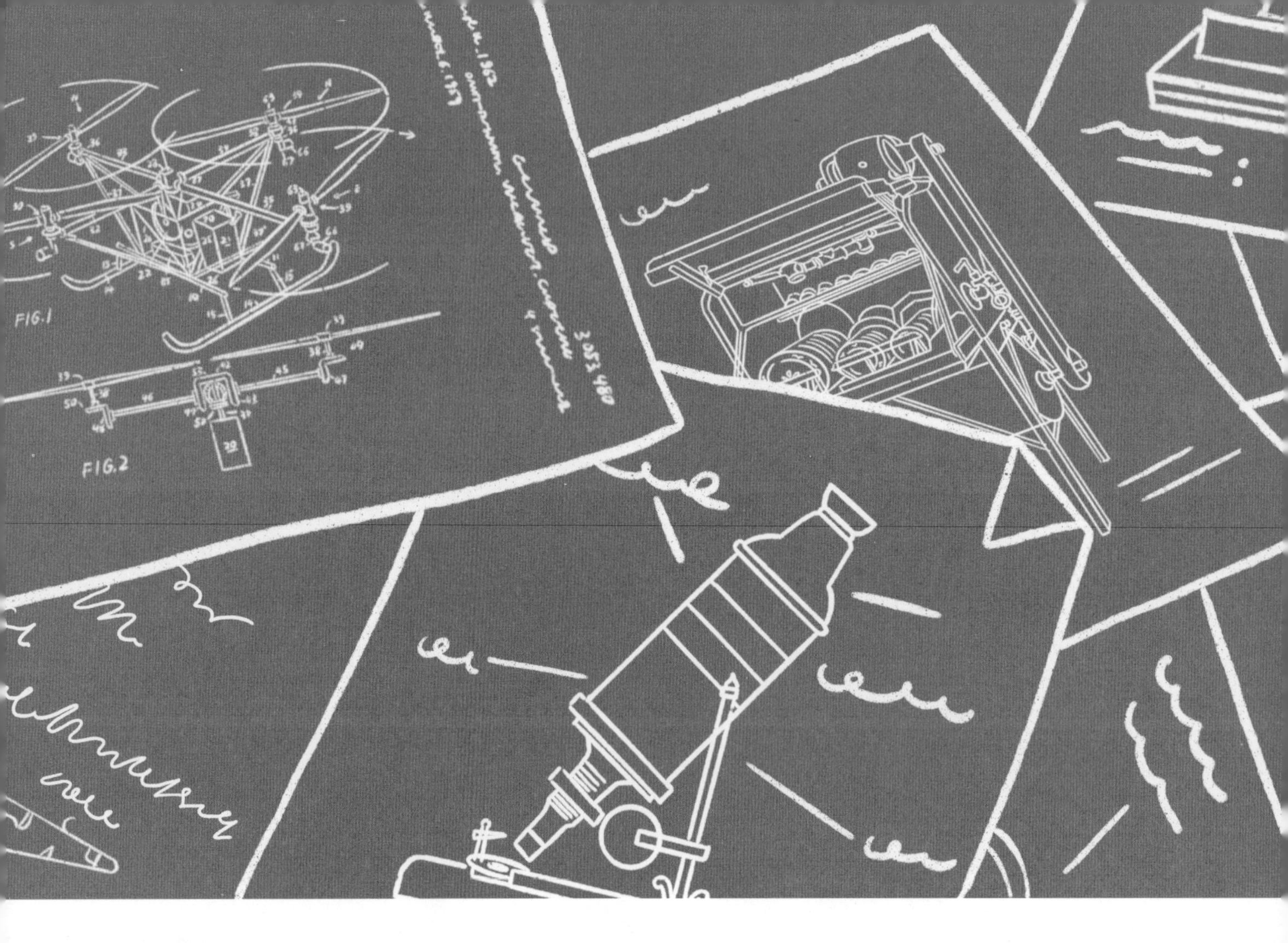

目录

1 引言

2 轮子
3 轮滑鞋
4 蒸汽机
5 织布机
6 起重机
7 乐高积木
8 犁
9 割草机
10 复印机
11 3D打印技术
12 计算机
13 微芯片
14 专利
15 安全别针
16 真空吸尘器
17 冰箱
18 摄影技术
19 数码相机
20 热气球
21 潜艇
22 文字
23 布莱叶盲文
24 汽车
25 交通信号灯
26 纸
27 铅笔
28 电池
29 发电机
30 马桶
31 牙刷
32 电报
33 互联网
34 碰撞试验假人
35 汽车安全带
36 游戏机
37 街机游戏
38 飞机
39 降落伞
40 创可贴
41 心脏起搏器
42 巧克力
43 染料
44 喷气式飞机
45 火箭
46 速冻食品
47 微波炉
48 印刷术
49 万维网
50 搜索引擎
51 火车
52 纸袋
53 硬币
54 智能手机
55 绘文字

56 强力胶
57 便利贴
58 水肺
59 宇宙飞船
60 电灯泡
61 灯丝
62 烟花
63 霓虹灯
64 飞艇
65 直升机
66 无线电
67 电视机
68 望远镜
69 显微镜

70 微型计算机
71 机器人
72 自行车
73 凯夫拉纤维
74 邮票
75 气泡膜
76 计时器
77 钟摆
78 鼠标
79 圆珠笔
80 人造卫星
81 空间站
82 电影
83 嗅觉电影

84 交流电
85 涡轮
86 魔术贴
87 蹦床
88 电话
89 耳机
90 洗碗机
91 切片面包
92 留声机
93 流式传输
94 塑料
95 芭比娃娃
96 X射线
97 光伏发电

98 雨刮器
99 猫眼道钉
100 条形码
101 激光

102 作者的话
102 青少年发明家
104 发明大事年表
105 词语表

引言

每天，当你打开灯、电脑或收音机，当你骑上自行车、写下一张便条，或是打开冰箱时，你都在跟几世纪前还不存在的发明打交道。这些发明并不是凭空出现的，它们是靠发明家们的智慧、勤奋，有时甚至是十足的好运才得以诞生！有些发明诞生于一瞬间爆发的灵感，有些发明则要靠发明家们艰苦奋斗许多年才得以实现。不少发明都没有成功，不过一旦成功了，它们就有可能改变无数人的生活。

这本书列举了大大小小100个备受瞩目的发明，以此告诉世人创新有多么重要。一些发明彻底改变了世界，另一些发明则让人们的日常生活变得更便利或更有意义。每种发明背后都藏着迷人的故事，有些故事异常惊心动魄，它们会让你对事物思考得更深刻，谈论得更深入。

那么，你还在等什么？想进入发明的世界，只需翻开这本书！

轮子

许多发明并不是创造一样新东西，而是利用新的方法从现有事物中逐步发展而来的。在5500年至6000年前的美索不达米亚（位于今叙利亚东部和伊拉克境内），人们通过旋转平行于地面的圆形木板或石板而获得灵感，发明了简易的制陶转轮。约公元前3500年，一些人发现，把轮子放在一侧，在其中心插入一根杆子当作轴，这样轮子就能转动起来。比起那些在地面上拖动的物体，轮子滚动受到的摩擦力要小得多，因此当人们把轮子装到牛或骡子拉的运货车上时，无论车上载的是人、农作物还是其他货物，行进都变得更快速也更轻松了。

轮滑鞋

1760年，在伦敦举办的一场化装舞会上，比利时人约瑟夫·梅林玩得开心极了，因为他展示了他的一项新发明。他将带轮子的盘子绑在自己的靴子下面，就这样一边演奏着小提琴，一边嗖嗖地滑过每一个房间——直到他撞碎了一面昂贵的镜子，还砸坏了他的小提琴，这场不可思议的演出才宣告结束！虽然梅林在舞会上遭遇了小小的不幸，轮滑却就此流行起来。1863年，纽约家具经销商詹姆斯·普利姆普顿发明了双排轮滑鞋，轮滑的风潮变得更加火热了。双排轮滑鞋最大的特点是鞋底装了四个轮子，便于向左或向右倾斜，人们可以通过转移重心来实现转弯。

蒸汽机

1698年，英国人托马斯·萨弗里发明了一台发动机，它可以通过把水煮沸，形成不断膨胀的蒸汽，从而产生动力。萨弗里的发动机和那些紧随其后诞生的发动机，主要用作抽水机，将水从矿井中抽出。为了提高蒸汽机的功率和实用性，1764年，英国人詹姆斯·瓦特着手对蒸汽机展开了一系列重大改良。1781年，瓦特研制出一种新系统，可以将蒸汽机直上直下的运动转换为旋转式运动，这种运动方式非常适合驱动磨坊水轮车和其他机械。瓦特的创新发明，让蒸汽机成了动力机械中的多面手，在工业和交通业中都得到了广泛的应用。

织布机

织布机是一种可以将棉线或长长的纱线织成布的机器。18世纪60年代，新一代织布机能织出的布比以往任何时候都多。埃德蒙·卡特莱特发明了能加速织布机运作的机器。1784年，他造出了第一台动力织布机，后来又做了改进，改进后的织布机的织布速度是单人手摇织布机的三倍！动力织布机最初是靠水车驱动的，后来水车被蒸汽机取代。从此，织布机工厂可以建在任何地方，不必非得建在河边。至1850年，仅在英国就有约25万台动力织布机在工作，生产大量的布料。

起重机

当一根绳子绕着一个圆盘滑动时，它们就组成了一种叫作滑轮的装置。当许多滑轮一起发挥作用时，人们就可以用更少的力气举起重物！公元前6世纪，古希腊人利用滑轮的惊人力量发明了第一批起重机。人们把滑轮和绳索安装在一个高大、结实的木制框架上，借助这样的装置，人们可以拉起沉重的东西，比如巨大的石块或大理石雕像。罗马人后来又发明了新型起重机，这种起重机需要靠人们在巨轮上不断行走来驱动。可别小瞧这种人力起重机，它可以轻松提起四吨甚至更重的重物。

乐高积木

1934年，丹麦木匠奥勒·柯克·克里斯蒂安森创立了Leg Godt公司。Leg Godt是丹麦语，意思是玩得快乐。这家公司起初生产和售卖木制玩具，后来开始生产和销售塑料玩具。1949年，克里斯蒂安森展示了公司开发的第一批塑料积木。1958年，这些塑料积木被重新设计，作为乐高（LEGO）而诞生了。这些空心塑料积木上一般有圆柱形的凸起，可以一个接一个地彼此牢牢固定在一起，它们有无限种拼装可能。令人不可思议的是，仅仅用六块八柱的乐高积木来拼装，就有9.15亿种完全不一样的拼装方式！从1964年开始，人们源源不断地生产着这种坚硬的塑料积木，每年可以售出700多亿块乐高积木和其附属配件。如今，工厂里每天生产的乐高积木，仍可以跟1958年生产的乐高积木完美地拼装在一起！

犁

大约6000年至6500年前，古埃及的农夫开始使用一种叫作阿德或抓犁的犁地工具打理农田，为耕种做准备。这种工具的构造很简单，将一根结实的尖头棍系在一个架子上，再由牛拉着。犁地时，这根棍子会扎进土壤，翻开被太阳晒硬的土块，把土壤里的养分翻到地表，也能使水更容易流入地下。犁过的土地会形成长且浅的犁沟，农夫在犁沟里播下种子。这种革新性的工具大大提高了耕地的效率。如今，虽然更复杂的金属犁具已经被开发出来，但简单的木制犁具在一些地方仍被使用着。

割草机

割草曾是一件费时费力的活儿。那时，人们只知道利用放牧动物吃草，或是用手持镰刀割草。直到1830年左右，一位英国工程师在一家纺织厂里看到一台圆筒形布料修剪机，他因此获得了灵感。这个人就是埃德温·比尔德·巴丁，他发明了第一台割草机。他在这台割草机的前端设计了一个带刀片的圆筒，使其与后面的滚轮相连。当割草机被推动时，滚轮转动，带动前端有刀片的圆筒，从而修剪草坪。20世纪的割草机已经装上了发动机。1995年，一家瑞典公司推出了第一台太阳能机器人割草机，它无须人工推动就可以自己割草。

复印机

发明创造需要信念、决心和毅力。1938年，切斯特·卡尔森经过几年的不断试验，终于发明了电子照相法。这种方法是利用静电吸引原理将图像复制到一个旋转的金属滚筒上，金属滚筒可以吸附一种叫碳粉的粉状油墨。然后，再将金属滚筒上的碳粉转移到普通纸张上，并加热使碳粉持久地印在纸上。卡尔森被大约20家公司拒之门外后，他的这项技术才得以面世，并更名为静电复印术。1950年，以硒作为光导体、用手工操作的第一台静电复印机问世，使用这台复印机需要操作几十个步骤才能得到一份复印件！1959年，第一台性能更加完善的易用型复印机诞生了，这就是举世闻名的施乐914型复印机。

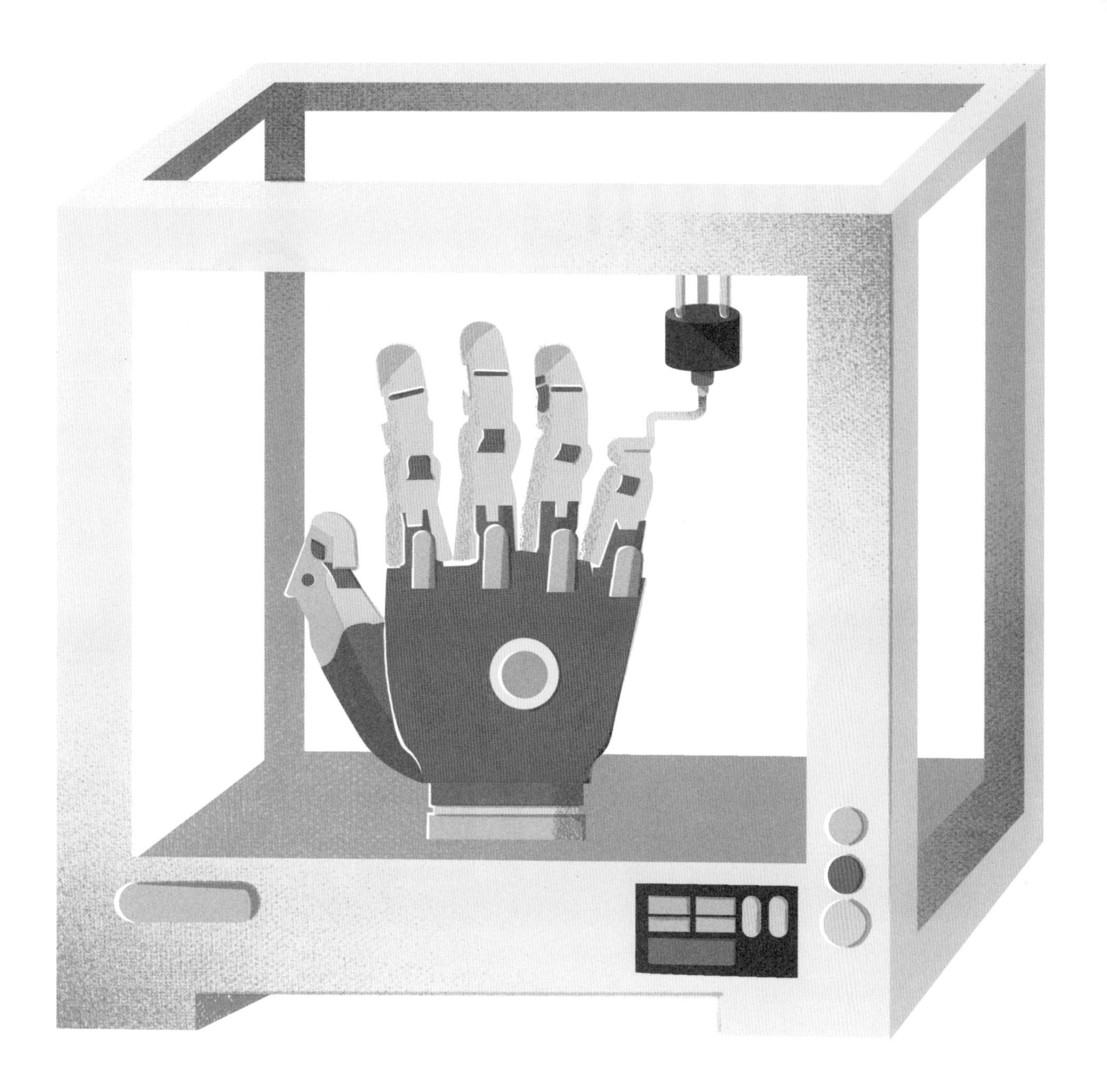

3D打印技术

3D打印机可以将电脑中的数字文件转换成实物。大部分3D打印技术是运用金属或塑料等粉末材料以及黏合剂，通过逐层打印的方式来构造物体的。查尔斯·查克·赫尔是早期3D打印技术的先驱，他在20世纪80年代就开创了这项技术。1987年，查尔斯与人合伙成立了一家公司，并推出了全世界第一台3D打印机——SLA-1。3D打印技术能以极高的精确度完美生产出精细、复杂的产品，从玩具到汽车、飞机零部件，甚至人体器官，都可以用3D打印技术来复制。许多发明家也会用这种方法，快速打印出想象中的模型，以此来测试这件发明是否可行。

计算机

19世纪20年代，英国工程师查尔斯 · 巴贝奇常常对打印出来的、错漏百出的数学用表十分恼火，为了提高计算的准确率，他决定制造一台复杂的机械设备。他对这台设备的设想是，它能够准确地算出算式结果。这个大胆的想法，比巴贝奇所处的时代要领先大概100年。同现代的计算机一样，巴贝奇研制的这台以蒸汽为动力的分析机可以进行编程，能解决预想的计算问题，还拥有独立的处理、存储和输出部件。令人遗憾的是，一些工程难题阻挡了巴贝奇对这台革命性机器做更进一步的研究。不过，巴贝奇的朋友，一位有抱负的数学家阿达 · 洛芙莱斯，为分析机设计了一系列成功的指令，她也因此成为世界上计算机程序的创始人。

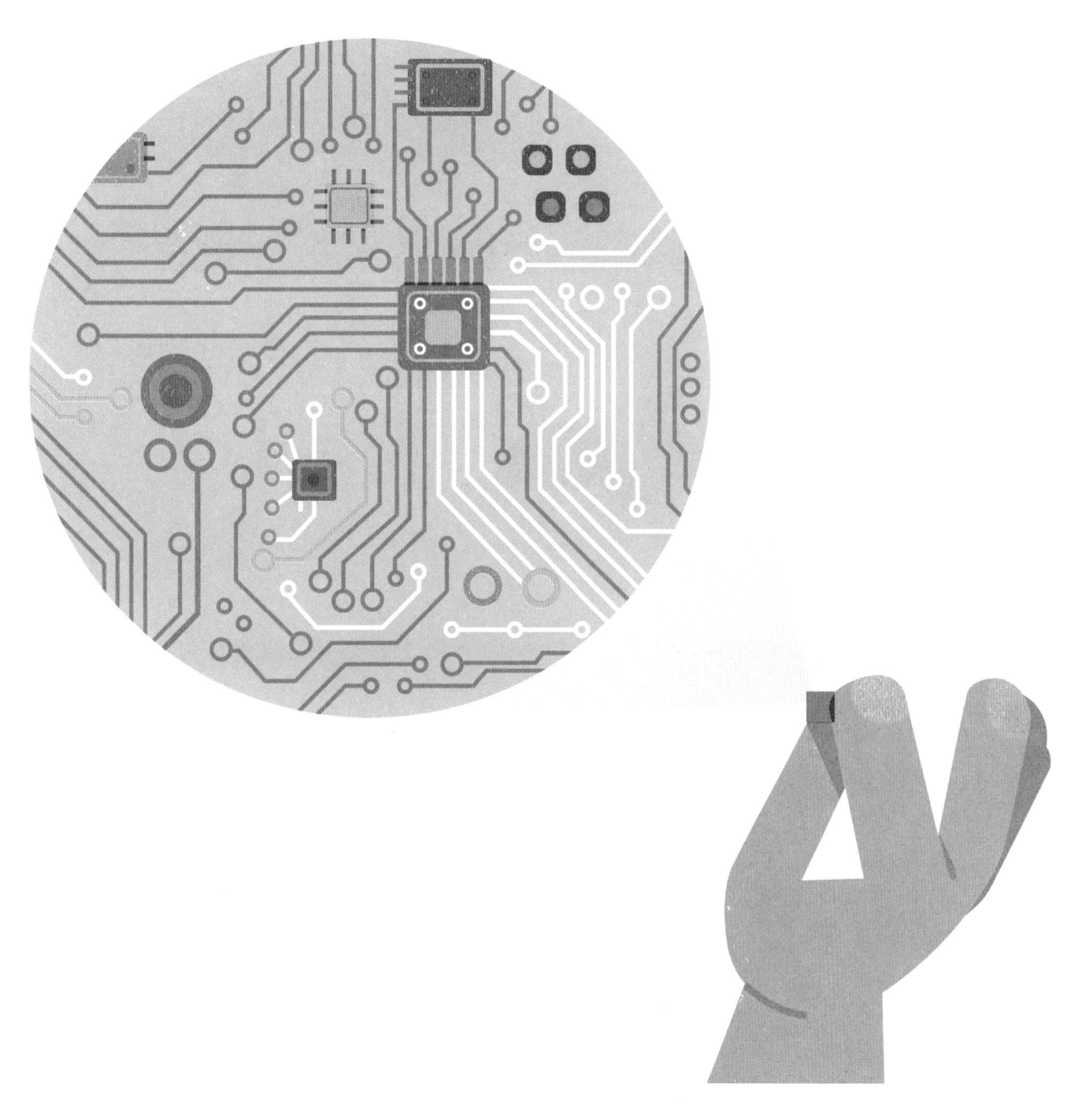

微芯片

20世纪40年代，世界上第一台电子计算机诞生了。比起现在的电脑，这台计算机简直是个庞然大物，它重达数吨，能塞满一整个房间，装配的电线长达数千米。1947年，一种微型电子开关——晶体管问世，从而使得规模更小、反应更快的电路得以实现。工程师杰克·基尔比的目标就是通过减少布线，并且将整个微型电路及其部件制造在单块微型半导体晶圆上，从而进一步缩小芯片尺寸。1959年，基尔比为他发明的集成电路申请了专利，也就是微芯片。另一位美国工程师罗伯特·诺伊斯简化了微芯片的生产流程，使得更小、更便宜、功能却更强大的计算机在计算领域掀起了热潮。

专利

即使是最简单的发明，也可能需要花费发明家几个月甚至是几年的心血。申请专利是发明者保护其工作成果的方法。发明者首先把自己的创意提交给专利部门，一旦通过审核，将会得到专利部门授予的具有时效性的专利文件。在专利到期前，除发明者外，其他任何人都不允许未经授权复制这项发明。一旦专利过期，则任何人都可以使用。大发明家托马斯·爱迪生一生获得了1093项美国专利，但并不是所有专利都成功转化成了产品。许多专利发明停留在了设计阶段，直到有足够的技术支持才能成功将其创造出来。

安全别针

机械设计大师沃尔特·亨特发明了锁针缝纫机、马车示警装置……甚至是可以让马戏团演员在墙上行走的鞋子！亨特商业上的天赋显然不如他在发明上的天赋。1849年，亨特发现自己竟然已经负债了。当他在工作室里打发时间时，他偶然发现可以将一根金属丝盘起来做成一个有弹力的弹簧，而弹簧的两端，一端做成大头针形状，另一端则可以做成一个卡扣。就这样，一根金属丝瞬间就变成了一个完整的安全别针，制作成本还非常低廉。1849年4月，亨特为这项发明申请了专利，很快便以400美元的价格卖掉了这项专利。从那以后，无数这种为日常生活提供便利的安全别针被制造出来。

真空吸尘器

1901年，休伯特 · 塞西尔 · 布斯在观摩了一场新型除尘器的演示活动后，他不禁开始思考：为什么这台机器没有把灰尘收集起来，反而把它们吹得到处都是！于是在同一年，他造出了一台名为普芬比利的电动真空吸尘器。这台吸尘器带有一个由汽油驱动的泵，可以轻松地吸入空气和灰尘。不过这台吸尘器太大了，只能摆在房子外面，每次工作时，需要把它的吸气管通过门或窗子伸进屋里！布斯还为这台吸尘器换上了透明的吸气管，从而使顾客们能够清楚地看到灰尘是如何离开他们的家的。布斯的真空吸尘器在伦敦的富人中大受欢迎，这些富人甚至还会花钱租用真空吸尘器在家里开清扫派对！

冰箱

食物滋生细菌后就会变质，而冰箱中的低温环境可以减缓细菌的生长速度。冰箱的创意起源于1748年，苏格兰人威廉·卡伦通过实验演示了当液体蒸发成气体后是如何带走周围的热量的，这个过程也叫作蒸发冷却。约100年后，蒸发冷却技术终于用在大型机器上，在肉类、鱼类和奶制品加工行业也得到了广泛应用。家用冰箱直到20世纪才出现。虽然弗雷德·沃尔夫在1913年研制的家用冰箱以失败告终，但这台冰箱的制冰格却得到了认可，紧随其后问世的许多家用冰箱都在使用这款制冰格。到了19世纪20年代，冰箱产业飞速发展，仅仅在美国，就有约200款不同型号的冰箱面世。

摄影技术

现存最古老的照片是在1826年由法国发明家尼塞福尔·尼埃普斯拍摄的，他在一张白蜡薄板上涂了一些感光的、黏稠的沥青，然后将其放进照相暗盒中，经过长时间的曝光才得到这张珍贵的照片。1839年，路易·达盖尔发明了镀银金属板，开创了银版法摄影技术，也叫达盖尔银版法。尽管对摄影师来说这种相机个头儿很大，并且人们在拍照时还要一动不动地坐上好几分钟，但达盖尔银版法在人像摄影领域仍大受欢迎。19世纪80年代，乔治·伊斯曼通过改进已有摄影技术而得到了一种成本更低、更快捷的摄影技术，这种技术可以将图像记录在一卷涂有感光化学物质的软胶片上。1888年，伊斯曼推出了第一台装胶卷的柯达箱式照相机。好像突然之间，每个人都可以拍照了！

数码相机

工程师史蒂夫·萨森开发了一种新型传感器——电荷耦合器，从此，实现了不用胶卷就能拍照。这种器件可以将光信号转换成电信号，再经过处理，将电信号转换成数字图像。萨森用一个电荷耦合器、一些摄影机部件和一个盒式磁带机组装出一台照相机。这台照相机拍摄每一张小的黑白图像都要花费23秒将其记录进磁带。20世纪90年代，数码相机开始售卖，到了21世纪，手机也开始使用数码相机技术了。如今，许多智能手机都有三个或三个以上的摄像头，每个摄像头拍摄的细节都比萨森制造的最初的那台相机拍摄的图像清晰两万倍。

热气球

人类飞行的梦想最早是在法国实现的。气球驾驶员们操纵着一个用棉布和薄纸制成的热气球飞入高空，热气球里充满了热空气或氢气，这两种气体都比气球周围的空气轻。1783年，法国造纸厂老板蒙哥尔费兄弟用一只鸭子、一只公鸡和一只绵羊进行了热气球飞行实验！这次飞行持续了八分钟，有约13万人观看。接下来，兄弟俩又制造了一个直径为14米的热气球，在热气球下方的铁篮里放上稻草，点燃稻草从而加热空气。这只热气球载着一位化学老师和一名士兵，在巴黎上空飞行了25分钟，实现了首次热气球载人飞行。

潜艇

1620年，世界上的第一艘潜水船被认为是由荷兰人科内利斯·德雷布尔制造的，这是一艘有盖划艇，它的首次下水测试是在伦敦泰晤士河进行的。直到19世纪末，人们才开始尝试制造更为实用的船只。当时，爱尔兰人J.P.霍兰发明了一系列有创意的潜艇。其中尤为人称道的是他在1897年设计的霍兰号潜艇，这艘潜艇在水下航行时由电动机驱动，而在水面航行时则由汽油发动机驱动。到了20世纪，大型军事潜艇和小型民用潜器纷纷开始探索水下世界。通过它们，人们发现了未知的植物和动物，以及飞机和船只的残骸。1960年，的里雅斯特号潜水器成功下潜到世界海洋的最深处。

文字

书面文字可以记录信息、表达想法，在许多地方都是独自发展起来的，如在约公元前1300年的中国和约公元前3200年的埃及。古老的苏美尔人创造的楔形文字体系，可以追溯到更早的时期（公元前3500年—公元前3400年）。楔形文字最初只是一些图画和符号，之后渐渐演变成一种字符系统，每个字符代表一种口语发音。苏美尔人会用长在河中的芦苇秆制成尖头笔，在软泥版上压印出楔形文字，再将刻好文字的板子放在太阳下晾晒，使其干燥、变硬。楔形文字最初采用自上而下的垂直书写方式，后来改为从左至右的横行书写方式。如今，韩文、中文和日文仍延续着这两种书写方式，既可以横行书写，也可以垂直书写。

布莱叶盲文

1824年，15岁的法国失明男孩路易斯·布莱叶为失明的人开发了一种巧妙的触摸阅读系统，这就是布莱叶盲文。在布莱叶盲文系统中，每个字符由1至6个安排在3×2的方格中凸起的圆点来表示，每个方格叫作一方。凸点变换位置和数量，除去空白的情况，一共可以产生63种不同的组合方式，足够代表字母表中的每个字母、基本的标点符号和数字0至9。由于一方的尺寸非常小，人们用一个指尖就足以触摸并识别每个字符，因此人们很快就学会了阅读用布莱叶盲文书写的文章。如今，盲文书籍都配有盲文标识，再加上盲文打字机、打印机的诞生，这些都为失明人士带来了极大的便利。

汽车

1769年，人们首次尝试开发由蒸汽驱动的车，然而想打造一款真正能开上路的汽车，需要让车子变得更轻便，并且还要有可靠的动力来源。1885年，德国工程师卡尔·本茨在他发明的奔驰一号三轮汽车上安装了一台内燃机——在小型汽缸里燃烧空气和汽油的混合气体，并于次年取得了世界上第一辆汽油机汽车的专利。这辆车的最高时速可以达到每小时16千米。区别于现在的由方向盘来操纵行驶方向的汽车，它是由一个掣动手把来操控方向的。1888年，本茨勇敢的妻子贝瑞塔带着他们的儿子，驱车180多千米，从曼海姆到达了普福尔茨海姆——这是人类有史以来第一次公路自驾出行。不过在途中，她只能从化学家那里购买燃料，因为那时还没有加油站！

交通信号灯

1868年，世界上第一盏道路交通信号灯被安装在了位于伦敦的英国国会大厦外面的马路上。不幸的是，这盏由约翰 · 皮克 · 奈特设计的煤气灯在装好后的第二年就爆炸了。伦敦的下一盏交通信号灯，直到1925年才出现！电动交通信号灯是在美国诞生的。那时的美国，城市日渐繁荣，机动车的使用量也不断增加，这导致了道路交叉口变得越来越混乱，交通事故不断发生。1914年，盐湖城一位名叫莱斯特 · 威尔的警察发明了一种双透镜交通信号灯，由高空电缆来为其供电。八年后，底特律警官威廉 · 波茨发明了三透镜交通信号灯，在已有的红灯与绿灯之间增加了一盏黄灯。

纸

在中国，在纸没有被发明出来前，人们把文字写在泥版、丝绸、草或动物皮上等。105年，中国东汉的蔡伦发明了更实用的纸。这种纸是用植物浆液和布料纤维混合在一起制成的。制作时首先把原材料浸泡在水中，再把它们捣烂压在筛网上，形成一层薄薄的纸浆。等纸浆晾干后，一张纸就做好了，纸比竹子更轻，比丝绸更便宜，而且墨很容易在上面留下印记。4世纪起，造纸术向其他国家和地区传播。384年，造纸术传入朝鲜半岛；610年传入日本；751年开始向西传入阿拉伯国家。

铅笔

1564年，人们在英格兰西北部的巴罗代尔发现了一个巨大的固体石墨矿床。这些石墨看起来很像煤，能够留下很深的黑色痕迹。起初，当地的牧羊人用这种石墨块给他们的羊画记号。后来，人们把大块的石墨切割成小块，用绳子缠住或用羊皮包裹起来，制成了珍贵的绘画工具等。18世纪90年代，由于法国固体石墨短缺，尼古拉斯·雅克·孔戴想出一个取代固体石墨的新方法。他将石墨粉和黏土混合后，放进高温中烘烤，再将烤好的铅笔芯用木头包起来——这样便做出了全世界第一支铅笔！通过调整石墨粉在混合物中所占的比例，孔戴做出了从9B到9H黑度深浅不一、软硬各异的铅笔——这套铅笔的标识系统一直沿用至今。

电池

意大利人亚历山德罗·伏特发明了世界上第一个化学储电装置——伏打电堆，这就是电池的原型。这个装置是将锌制的圆片，与铜制或银制的圆片交替叠放在一起，上面放着一块浸过盐水的纸板。伏特发现，叠放这种组合就会产生微弱的电流。1800年，伏特在伦敦展示了他的这项发明。第二年，伏特又为法国统治者拿破仑一世展示了他的发明。随着时间的推移，更实用的电池被开发出来，很多科学家的研究都建立在伏打电堆之上，推进了电池的研发之路。电压的单位名称伏特就是以亚历山德罗的姓氏命名的。

发电机

发电机能够将动能（机械能）转化成电能。1831年，英国科学家迈克尔·法拉第发现了发电机的工作原理。法拉第发现当磁铁在一个闭合的线圈里运动时就会产生电流。于是，他马上着手做了一个简易的发电机，他把一个铜质圆盘竖着放在一块马蹄形磁铁的两极之间，当铜盘在磁铁的两极之间转动时，就会产生微弱的电流。后来的许多发明家在法拉第发明的基础上，研制出动力更强、更实用的发电机。如今，全世界都在使用由煤、石油、风、水以及核能产生的电力，而这些发电能源都是通过发电机的工作而转化成电能的。

马桶

4000多年前，印度河流域（南亚）的城市摩亨佐达罗和哈拉帕已经有了复杂的下水道系统，下水道系统中流水不断，带走了厕所中堆积的排泄物。不过，第一个公认的冲水马桶是英国都铎王朝的一位爵士发明的。1584年至1591年，女王伊丽莎白一世的教子约翰·哈灵顿爵士发明了一款马桶，并将其命名为阿贾克斯。这个马桶的特点是它有一个叫作蓄水池的水箱，水箱里的水（超过30升）可以向下喷涌，冲走便池里的排泄物。尽管，女王伊丽莎白一世的宫殿里也装了一个这样的马桶，但在这之后的几个世纪，哈灵顿的这项发明都没有受到广泛关注。

牙刷

5000多年前，古巴比伦人会将细树枝的一端放在嘴里咀嚼，用这个方法去除牙齿上的食物残渣。牙刷最先诞生于中国唐代（618—907），那时在亚洲的部分地区人们还在使用咀嚼棒清理牙齿。最初的牙刷是用猪身上的毛发嵌在用竹子或骨头做成的手柄上制成的。在欧洲，牙刷很少见，直到伦敦一座监狱里的一名囚犯制作了一种简易牙刷。这个名叫威廉·阿迪斯的囚犯在一次饭后获得了一根骨头，他在骨头上打了一些孔，再把猪毛穿过这些小孔，绑在骨头上，就这样制成了一把牙刷。1780年，重获自由的阿迪斯开始用猪毛、马毛以及后来的獾毛批量制作牙刷。

电报

电报可以将电信号通过电线发送出去，使远距离信息传送成为可能。从1839年起，查尔斯·惠斯通和威廉·库克发明的电报机开始首次用在英国铁路系统中。在美国，塞缪尔·莫尔斯和阿瑟·维尔发明了一种巧妙的电报编码系统，他们将短的和长的电脉冲（称为点和划）进行不同的排列组合，以此来代表字母表中不同的字母。这套电报编码被称为莫尔斯电码，它的运用提高了电报操作员发送信息的速度，电报业从此进入蓬勃发展阶段。1900年，仅在美国就有6300万条电报信息发往各地。1945年，一条从斯劳车站发送到帕丁顿车站的电报成功帮警方抓住了一名正要下火车的杀人犯！

互联网

互联网是一个覆盖全球的计算机网络。它让全世界数十亿台电脑和智能手机彼此互联。这意味着你可以在网上聊天、发消息、查看照片和视频、阅读世界各地的网页，而这一切只需花费几秒钟的时间。互联网并不是某个人发明出来的，它起源于20世纪60年代飞速发展的计算机技术。1969年，阿帕网在美国诞生。这个网络起初只有四台计算机联在一起。渐渐地，越来越多的计算机加入这个网络，或是另外建立了自己的网络。当网络之间开始互相通信、使用电子邮件这类应用程序时，互联网就诞生了！

碰撞试验假人

在碰撞试验假人出现之前，碰撞试验中的司机或乘客一直由沙袋、尸体甚至是活人志愿者来扮演。1949年，塞缪尔 · W.奥尔德森用橡胶和钢材制成了第一个逼真的人体假人。这个名为塞拉 · 山姆的假人可以用来测试飞行员头盔、安全带和飞机弹射座椅的安全程度。如今，为了反映社会中不同群体的人，工厂会生产高矮胖瘦各不相同的碰撞试验假人。这些人体模型不但被打造得栩栩如生，而且研究人员为了在碰撞测试和安全研究中得到准确数据，还会在假人身上安装测试仪器。在汽车安全测试中，使用这种假人进行碰撞试验帮科学家们研发出了更安全的气囊，并且在其他安全防护的研发上也取得了突破性的进展。

汽车安全带

早期的汽车安全带是一根横跨腰部的绑带。不过在汽车发生碰撞时，这种安全带无法阻止头部和胸部猛然向前倾斜。1958年，一位隶属于汽车制造商沃尔沃的瑞典工程师尼尔斯·博林在深入研究了飞行员的安全带后大受启发，便开始着手改进汽车安全带。在博林的努力下，三点式安全带应运而生，这款安全带在胸前增加了一条对角带，而且一只手就可以将其扣紧，锁扣的位置就在胯骨旁边。沃尔沃并没有为此申请专利，而是选择对大众公开了这项发明，这也让其他汽车制造商能够免费使用博林的这套简单有效的安全解决方案。三点式安全带挽救了成千上万人的生命，人们在车祸中受伤的风险也因此降低了约一半。

游戏机

1967年至1968年间，美国工程师拉尔夫·贝尔团队发明了第一台电脑游戏机。这套设备连着电视机的天线，可以显示一系列简单的黑白图像游戏。这台游戏机还配了供两位玩家操作的旋钮控制台，可以玩跳棋、排球、高尔夫球和乒乓球等电子游戏，其中一些游戏还被竞争者们争相模仿。贝尔还为射击类游戏配备了一支手持光枪，玩家可以用光枪来“射击”屏幕上的白色方块。1972年，这款游戏机以米罗华奥德赛的名字上市销售，标志着家用游戏机运用的开始。

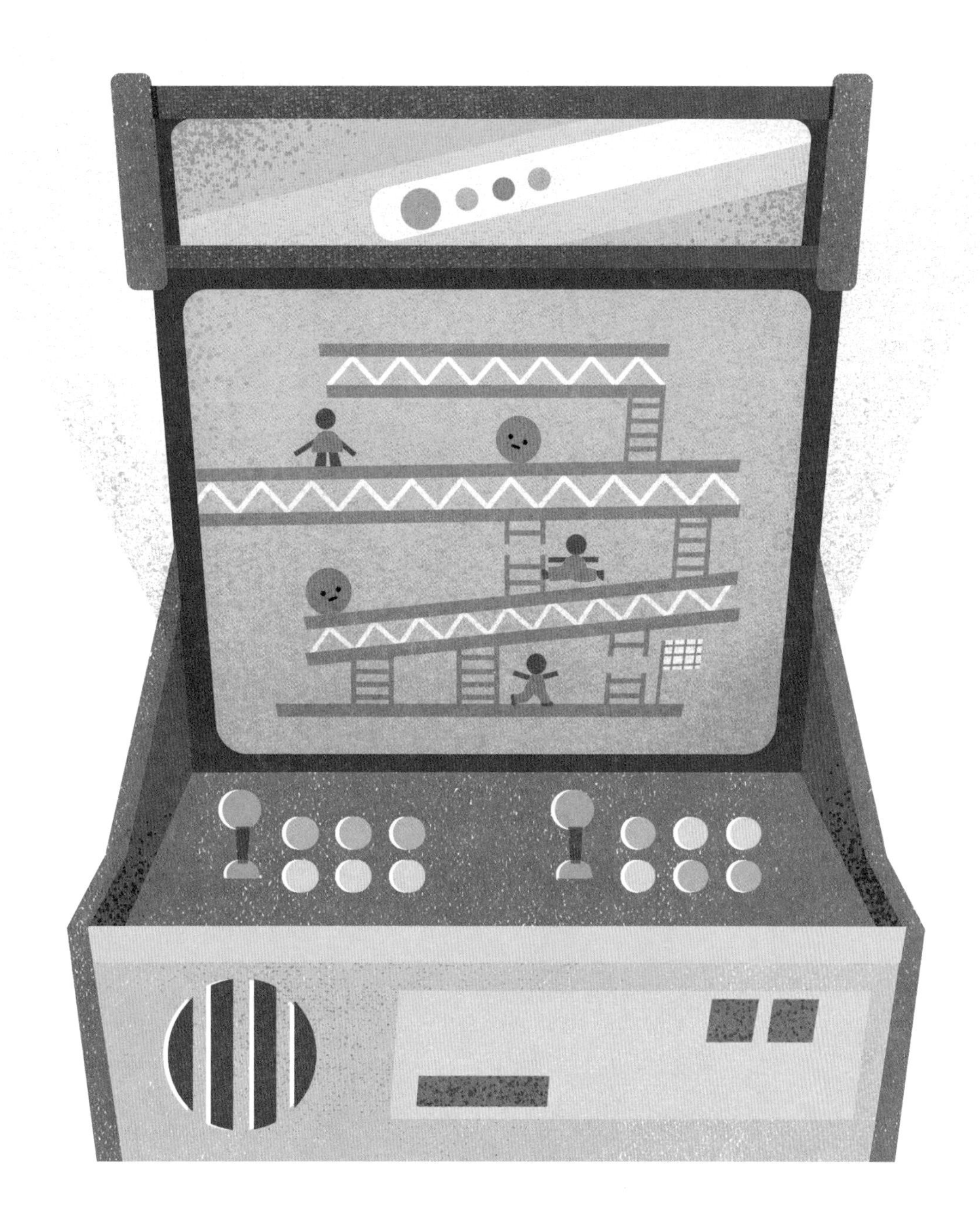

街机游戏

1962年，美国大学生发明了世界上第一款大受欢迎的电脑交互式游戏——《太空大战》。这款游戏的特色是模拟两艘宇宙飞船在太空中对战，新鲜的玩法使其大获成功。诺兰·布什内尔是《太空大战》的狂热玩家。1971年，他和泰德·达布尼一同开发了属于他们自己版本的游戏——《电脑太空战》，人们可以在投币式街机上玩该游戏。1972年，两人合伙成立了雅达利公司，制作了非常成功的《乒乓》和《打砖块》等街机游戏。日本游戏设计师西角友宏受到雅达利公司的启发，于1978年设计了名为《太空入侵者》的街机游戏。这款游戏非常受欢迎，仅仅在日本国内每天就有约800万玩家参与其中，这也是第一款设置了背景音乐和高分排行榜的街机游戏。

飞机

奥维尔·莱特和威尔伯·莱特是一对经营自行车生意的美国兄弟，但是他们却一直憧憬着能在空中飞行。莱特兄弟深入研究了飞行力学，自制了风洞，制作了200多个机翼模型，在不同角度下进行了上千次风洞实验。1903年，莱特兄弟建造了一架6.4米长的飞机，为了增加升力，他们还为飞机做了两组机翼。飞机上装有一台汽油发动机，发动机起动带动两副长达2.4米的螺旋桨，螺旋桨旋转起来进而带动飞机飞行。奥维尔·莱特俯卧在飞机操纵杆后面，成功驾驶这架飞机飞上了天空，开创了人类有史以来第一次由人工操纵自带动力飞机的飞行！1908年，莱特兄弟在欧洲展示了他们的飞机，航空业从此开始蓬勃发展。

降落伞

降落伞通过产生很大的阻力来减缓物体运动的速度。因此，降落伞不仅常常如此使用，还可以用来给高速赛车和喷气式飞机减速刹车。早在1485年，列奥纳多·达·芬奇设计了一个实用的金字塔形降落伞，但人类第一次成功跳伞是在1783年。当时，路易斯-塞巴斯蒂安·雷诺曼站在蒙彼利埃天文台的塔楼上，身上挂着一个用木框支撑的布制降落伞，他毫不犹豫地一跃而下，在降落伞的帮助下成功落地。另一个法国人安德烈-雅克·加纳林发明了无骨降落伞。1797年，在巴黎的加纳林背着他的丝制降落伞勇敢地从900米高空跃下，并成功落地。五年后，他又来到伦敦，从惊人的2440米高空飞身跃下，同样成功落地。

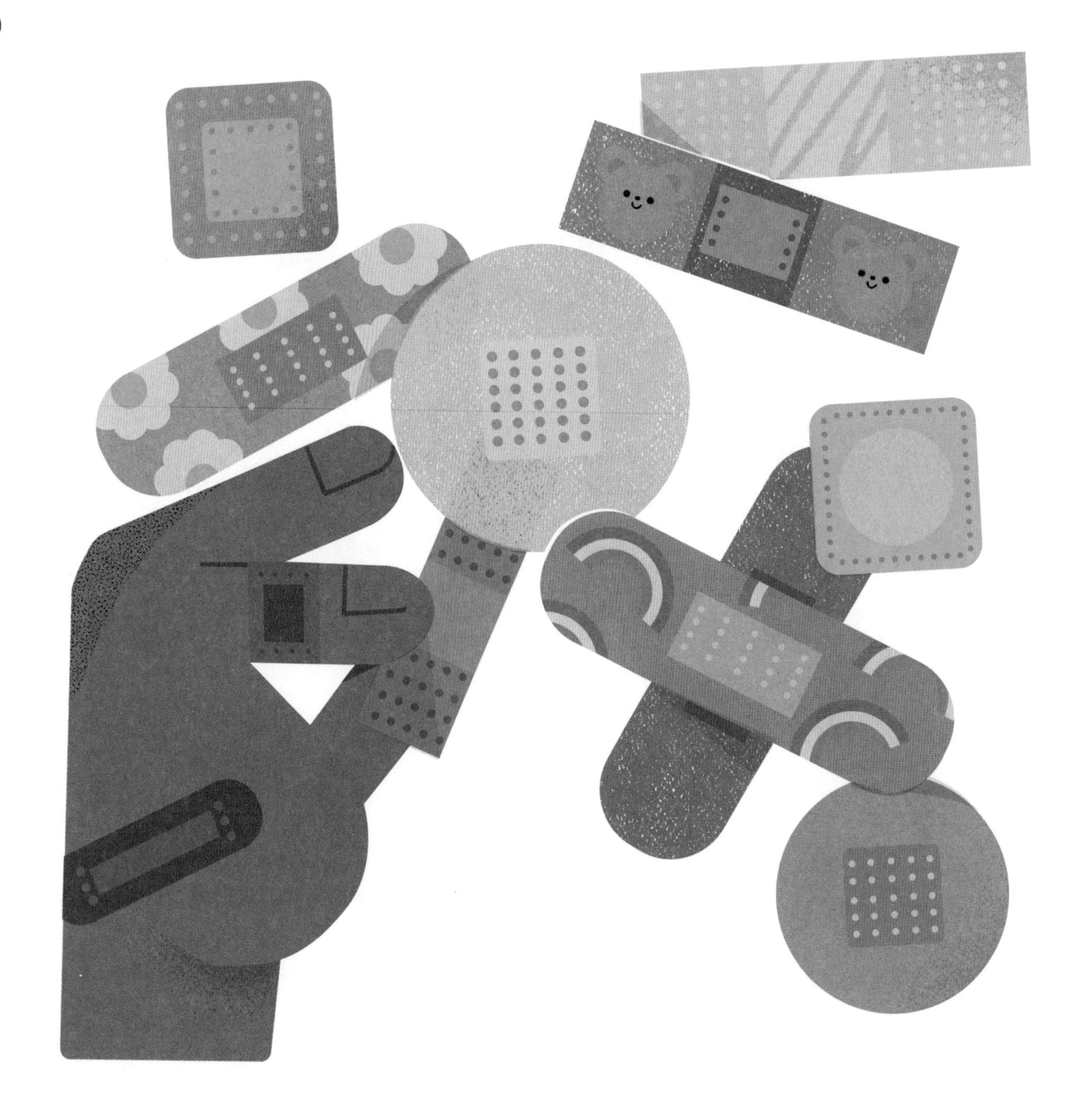

创可贴

过去，割伤、烧伤和擦伤要用大块的绷带和纱布来包扎，如果没人帮忙，自己很难给自己包扎。1920年，强生公司的一位雇员埃尔·迪克森把一些折叠好的小纱布垫，一段一段有间隔地贴在长长的胶带上，再用硬硬的衬布盖住粘了纱布的胶带。迪克森制作的这些黏性绷带可以轻松地从绷带卷上剪下来，而且还能单手使用。迪克森的发明给他的老板留下了深刻印象，于是在1921年，迪克森的公司开始售卖邦迪牌创可贴。几年后，大大小小、形状各异的创可贴陆续生产出来。今天，创可贴已在世界各地销售和使用。

心脏起搏器

有的人心跳不规律，这是非常危险的。有一种叫作心脏起搏器的设备，它可以有规律地发出电信号，帮助心脏恢复正常的跳动频率。世界上第一台心脏起搏器是约翰·霍普斯约在1950年发明的，它的大小相当于一台烤面包机。六年后，威尔森·格雷特巴奇将一个错误的零件安装在了一个电路中，电路竟然发出了稳定且规律的电脉冲信号，就像心跳一样。于是1960年，格雷特巴奇与威廉·查达克合作，制造了一款小到可以植入人体的心脏起搏器。格雷特巴奇一生都在思考如何让发明创造变得更完美。他拥有数百项专利，还进一步发明了电量更持久的心脏起搏器电池，通过这些发明，他挽救了成千上万人的生命。

巧克力

巧克力是怎么出现的呢？在热带美洲，有一种树叫可可树，它结出的果实叫可可豆。巧克力便是经过晾晒、烘烤等工序后的可可豆制成的。美洲大陆有三个著名的古文明：印加文明、玛雅文明和阿兹特克文明。在这些文明兴盛的时期，人们会用可可豆制作一种又黑又苦的饮料，还会在里面加入香料甚至辣椒。16世纪，一位西班牙探险家把一些可可豆带回家后，这种用可可豆制成的饮料开始在西班牙流行起来，并被人们唤作巧克力。从那以后，一种加糖的、很甜的昂贵巧克力饮料风靡欧洲。1828年，荷兰化学家科恩拉德·范·豪尔顿发明了可可粉，巧克力饮料的价格也随之降低，不再那么昂贵。1847年，英国人约瑟夫·弗莱将可可粉与可可脂跟糖混合在一起，制成了全世界第一块固体巧克力。

染料

1856年在伦敦，18岁的威廉·亨利·珀金正在家中的化学实验室里埋头苦干。他想研制一种治疗疟疾的珍贵药物——奎宁。然而珀金失败了，不过，这次失败却有了意外的收获，他造出了另一种了不起的东西——世界上第一种人造染料苯胺紫，珀金把它称为冒酞。那时，紫色染料的加工工序非常费事，造价也特别高昂，仅仅生产一克紫色染料，就需要碾碎大约9000只小海螺！相反，苯胺紫则是由廉价的煤焦油制成的，而且完全不会褪色，因此紫色服饰开始大规模流行起来。人造染料行业也迅速崛起，为人们的生活增添了许多色彩。

喷气式飞机

喷气式飞机的喷气发动机把空气吸入燃烧室，在燃烧室里空气与燃料混合后开始燃烧。燃烧的混合物会产生大量气体并向后迅速膨胀，产生向前的强大推力，借助这股推力飞机就可以向前飞行了。由喷气发动机驱动的飞机比由螺旋桨驱动的飞机飞得更快、更高。英格兰的弗兰克 · 惠特尔和德国的汉斯 · 冯 · 奥海因都在1937年发明了可以实际使用的喷气发动机。虽然惠特尔的发动机首先进行了测试，但冯 · 奥海因的发动机却在实际应用领域领先一步。1939年，冯 · 奥海因的发动机成为世界上第一台为飞机提供动力的发动机，这架开创人类技术先河的飞机名为海因克尔He 178。十年后，第一架喷气式客机德 · 哈维兰彗星号飞上天空，人类从此进入了快捷、舒适的喷气式客机时代。

火箭

火箭之所以能够一飞冲天，全靠强大的发动机助力。火箭发动机都是自带氧化剂的，这种氧化剂是一种能够制造氧气的化学物质，发动机利用它产生的氧气燃烧燃料产生动力，从而推动火箭冲上云霄。世界上最早的火箭是一种装满火药的简易竹筒，诞生于大约1000年前的中国。1926年，罗伯特·戈达德发射了全世界第一枚以液体燃料作为动力的火箭。它虽然只飞行了短短60米就落在一片卷心菜地里，但它却点燃了人们研究火箭科学的热情。第二次世界大战期间，首次出现了由火箭发动机驱动的导弹，早期的航天火箭就是从这些武器中衍生出来的。1957年，由谢尔盖·科罗廖夫设计的苏联R7火箭将世界上第一颗人造卫星送入太空。

速冻食品

1912年至1914年间，美国博物学家克拉伦斯·伯德塞在北极工作时注意到，因纽特人捕捞上来的鱼在低温（零下30摄氏度或更低）环境里会迅速结冰。这种经过快速冷冻的食物不但外部会结冰，内部也会结出更小的冰晶。因此，解冻后的食物的味道和质地几乎跟新鲜时一样好。伯德塞决心用机械来实现快速冷冻的过程，他花了十年时间研发速冻机。1924年，他把装在蜡封硬纸板箱中的食物摆在经过冷却的两条不锈钢带中间进行速冻，成功研制出了有速冻功能的双带系统。五年后，伯德塞的速冻食品首次出现在商店的冷冻柜。到了20世纪50年代，随着社会的发展，冷冻食品渐渐走进千家万户。

微波炉

1945年，当电气工程师珀西·斯宾塞经过一台正在工作的磁控管设备时，他惊奇地发现——自己衬衫口袋里的糖果棒正在融化！磁控管会发出一种叫作微波的电磁辐射。斯宾塞决定再用别的食物做进一步试验，结果生鸡蛋爆炸了、玉米粒变成了爆米花！原来，食物内部的分子在微波作用下会快速振荡，而这种振荡会使食物持续升温。1947年，斯宾塞的公司推出了全世界第一台微波炉。这台名叫雷达炉的微波炉，重达340公斤，立起来跟人一样高！直到1967年，第一台方便置于桌面的微波炉才问世。

印刷术

雕版印刷术起源于中国古代，人们会在一块木板上雕刻图文符号，再进行印刷。在中国宋代庆历年间，毕昇首创了泥活字版印刷术。后中国又陆续出现用木活字及锡、铜和铅等金属活字排版印刷书籍。人们可以按照一本书中每页的不同内容，来排列这些活动的字块，再进行印刷。15世纪，德国人约翰内斯·谷登堡发明了欧洲第一台活字印刷机。这种印刷机上的活字都是由合金制成的，人们将活字排列好后，再将油墨涂在上面，就可以快速打印出一页信息，价格还非常低廉。谷登堡的发明得到了大力推广，许多人开始用这种方式印刷书籍，书籍数量因此大增，信息的传播进入了前所未有的繁荣期。

万维网

万维网（WWW）是信息检索技术和超文本技术相融合而形成的功能强大的全球信息系统，也可以将其看作一个巨大的文档集合体，这些文档又叫网页。一组网页组成了一个网站，如今互联网上已有超过十亿个网站。时间回到1991年，那时全世界有一个网站，是由英国计算机工程师蒂姆·伯纳斯-李建立的。蒂姆·伯纳斯-李的梦想是创立一种简单的方式，让人们可以通过点击超链接来访问存储在世界各地计算机上的信息。人们点击一个超链接，就可以从一个网页快速跳转到另一个网页。伯纳斯-李还发明了一种叫作超文本标记语言（HTML）的网页制作语言，以及一个在计算机上查看网页的浏览器程序。人们能在网上“冲浪”的时代就这样到来了！

搜索引擎

随着互联网上信息量的暴涨，想查到自己需要的内容变得越来越难。1989年至1990年间，加拿大的艾伦·埃姆塔奇发明了世界上第一个可以在互联网上搜索内容的计算机程序，叫作阿尔奇程序。阿尔奇程序为发明家们带来了灵感，激发他们创造了其他搜索引擎，比如1992年的维罗妮卡和1994年的雅虎。两年后，斯坦福大学的学生谢尔盖·布林和拉里·佩奇创建了网络爬虫搜索引擎。他们开发这个搜索引擎的目的是探索比以往更多的网页，并对网页链接进行分析，以获得更多有用和相关的搜索结果。1998年，网络爬虫已经发展成全世界最热门的搜索引擎——谷歌。

火车

火车诞生于1804年的英国，当时，理查德 · 特里维希克发明了一种高压蒸汽机车，这种蒸汽机车可以驱动轮子转起来，并带动车身沿着轨道前进。在早期的蒸汽铁路时代，人们一直使用这类机车在矿山和钢铁厂之间缓慢地运输沉重的货物。直到1825年后，乔治 · 史蒂芬森设计的旅行1号和旅行2号火车首次在公共铁路上搭载着乘客往来运行，才终于改变了蒸汽机车的用途。旅行1号是全世界第一辆客运蒸汽机车。史蒂芬森的儿子罗伯特还设计了火箭机车，它的速度达到了前所未有的每小时47千米。从1830年起，这辆火箭机车开始在世界上第一条城际铁路线（利物浦至曼彻斯特）上运行。从那时起，全球铁路业开始蓬勃发展。到1860年，美国已经建成了超过4.9万千米的铁路线。

纸袋

玛格丽特·奈特从小就喜欢帮人解决问题。年仅12岁时，她就发明了一种安全装置，这种装置后来被用在一些美国的制衣厂里。1868年，她开始在一家工厂工作，这家工厂生产窄底的V形纸袋。奈特机智地发现，如果把纸袋底部做成平的、矩形的，就能让纸袋装下更多的东西，于是她发明了一个机器，用来生产她设计的新纸袋。不过，她的发明被人剽窃了，她不得不走上法庭来维护自己的权利。1868年，她赢得了这场官司。从那以后，在美国的许多商店里都能看到奈特发明的平底纸袋。

硬币

在公元前650年至公元前550年间，吕底亚（位于今土耳其境内）的国王成为世界上公认的第一位发行硬币的统治者。硬币是豆子形状的银色片（一种金银合金），上面印着一个狮子头，象征着王国。每枚硬币的重量几乎一致，也代表了同等的价值。这意味着，人们使用这些硬币时不必像当时交易中使用金条和银条那样，得反复称重和检查。事实证明，硬币的确是一种便于携带的货币形式，邻近的地中海国家很快也开始发行属于自己的硬币。

智能手机

1983年，世界上第一部手机开始在市场上售卖。早期的手机又大又笨重，只能用来打电话。随着技术的发展，手机里能塞进去的电路和元件越来越多，功能也变得更强大了。世界上第一款智能手机西蒙发布于1992年。它的一大特色是用触摸屏取代了数字按键，手机中还安装了过去手机没有的程序和应用软件，比如日历、电子邮件和画板软件。这款手机长20厘米，重510克，不过却只有一兆字节的内存容量。如今，就算是一部普通的智能手机，内存也相当于西蒙的6.4万倍！

绘文字

绘文字是一种字符图片，人们用它表达想法或感情。在绘文字出现之前，人们曾用表情符号表达心情——用普通键盘上的几个字符就可以打出来，比如:-)表示一张笑脸。一位名叫斯科特·法尔曼的美国学者，在1982年第一次创造并使用了这种表情符号。1995年，有一家日本电信公司为了让用户多多使用自家的寻呼业务，于是为用户提供了全世界第一个绘文字——一个心形符号。这家公司的员工栗田穰崇注意到这个小表情在用户中大受欢迎，于是他设计了176个彩色字符，显示每个字符只用几个像素，这样便能用较少的数据快速传递信息。1999年，手机上第一次装载了栗田发明的绘文字表情，事实证明，这套表情大受欢迎。从那以后，人们创造了越来越多的绘文字表情。

强力胶

强力胶是人们偶然之间发现的，不过这个偶然不是指一次，而是发生了两次！1942年，美国化学家哈里·库弗博士想要制造一种透明塑料，他在做实验时偶然间发现了一种非常黏稠的物质。不过，他随后就把这件事忘在了脑后，直到1951年，他的同事又再次发现了这种物质。用这种物质制成的胶水，几乎一瞬间就可以把东西粘起来。1958年，这种胶水首次面世，当时它的名字还不是强力，而是伊士曼910。2015年，俄罗斯的一档电视节目向人们展示了这种胶水超强的黏性：在高空飞行的热气球上，倒挂着一名男子，他全身上下与热气球相连的只有脚上穿的鞋子，而鞋子就是用强力胶粘在了热气球下面的木板上！

便利贴

有些发明并没有在它出现后就受到关注，而是在经过一段时间之后才被世人所熟知！丙烯酸酯橡胶ACM就是这样一个例子，它是一款由美国化学家斯宾塞·西尔弗博士于1968年开发的胶水。用这款胶水涂抹过的纸张，既可以彼此粘住，又可以轻松分开，还可以一次又一次地重复粘贴。不过，西尔弗的胶水一直没有得到重视，直到1974年，西尔弗的一位科学家同行兼同事阿特·弗莱把这种胶水涂在纸条上，然后贴在他唱诗班的赞美诗集里当作书签，西尔弗这才发现这种胶水非常好用。于是，用这种便笺纸做书签和事项提醒便利贴的潜力被发掘出来。1980年，便利贴被投放市场。

水肺

1943年，法国探险家雅克·库斯托带着他的发明装置第一次潜入海中，这项发明改变了水下探险的方式。它最显眼的部分是潜水员身后背着的氧气罐，这个氧气罐连着一个特殊阀门，人们可以通过这个阀门在海水中吸入氧气。这个阀门是库斯托的朋友埃米尔·加格南发明的，它可以调节氧气罐里的气体压力，直到与潜水员周围的海水压力相匹配，防止潜水员的肺部承受较大压力而受伤。这套自携式水下呼吸器（SCUBA，又叫水肺）取得了巨大成功。有了这套潜水装置，潜水员不必再受限于原来那种从头盔连接到水面船只的空气管装置，终于可以潜入海洋，自由自在地探索神秘海域了。

宇宙飞船

谢尔盖 · 科罗廖夫在火箭和卫星的研发上大获成功后，又接到一项颇具挑战性的工作，工作任务是将人送上太空……并且还要保证这些人安全返回地球！就这样，科罗廖夫带领一个数千人的团队，一起开发了东方号系列宇宙飞船。这种宇宙飞船配有火箭发动机，还搭载了一个直径2.3米的球舱，球舱中可以乘坐一名航天员，出发时航天员要与座椅牢牢固定在一起。1961年，尤里 · 加加林乘坐东方1号宇宙飞船在太空中飞行了108分钟后，安全返回地球，并通过跳伞着陆，成为全世界第一个进入太空的人。1963年，尼古拉耶娃 · 捷列什科娃乘坐东方6号宇宙飞船进入太空，成为第一位进入太空的女航天员。东方号系列宇宙飞船在此之后，又成功地执行了很多次飞行任务。

电灯泡

人类使用的第一盏实用电灯是白炽灯。这种灯泡里有一种细细的灯丝，当电流通过灯丝时，灯丝就会热起来，并渐渐变亮，射出光芒。为了防止这种灯丝着火，人们需要抽出灯泡里的空气，这在当时还是一件非常棘手的事。1880年，英国科学家约瑟夫·斯旺在英国的纽卡斯尔展示了他的密封灯泡（灯丝采用碳化棉丝）。他首先用这些灯泡照亮了一栋建筑（他的家），接着又用它们照亮了一整条街道。那时，托马斯·爱迪生也在研制用能使用更长久的灯丝来制作灯泡。1883年，爱迪生和斯旺合伙成立了一家公司，从那以后，人们便用上了方便又明亮的电灯。

灯丝

刘易斯·拉蒂默是一名非裔美国人，15岁时，他加入了美国海军，后来在一家律师事务所工作时他又自学了工程制图。在亚历山大·格雷厄姆·贝尔研制电话期间，拉蒂默曾为他绘制专利图纸。拉蒂默还曾于1884年受雇于电灯专家托马斯·爱迪生。早在1882年，拉蒂默就为他自己研制的耐用型灯丝申请了专利。在专利中他提到：灯丝是灯泡的一部分，当电流通过时，灯丝就会发热并发光。拉蒂默研制的碳丝，比其他类型的灯丝更易于生产，而且能使用的时间也更长久。很快，这些灯丝便大受欢迎，得到了广泛应用。

烟花

大约在1200年前的古代中国，人们关于爆炸有了一个新发现。他们发现，将一定量的硫黄、木炭和硝石（硝酸钾）混合在一起就会产生一种可以剧烈燃烧的混合物，这种混合物在点燃后有时还会发生爆炸。这种混合物是火药的一种，将它装进竹筒并用火点燃，于是便造就了世界上第一枚烟花。到了16世纪，烟花在欧洲也开始大受欢迎，但当时烟花的颜色仍然是暗淡的白黄色。直到19世纪30年代，意大利化学家在烟花中添加了氯酸钾，使其在燃烧时更加明亮，还加入了可以创造不同色彩的金属盐，包括铜（焰色反应为蓝色）、锶（焰色反应为红色）和钡（焰色反应为绿色）。

霓虹灯

1902年，法国化学工程师乔治·克劳德发现当电流通过一个装着氖气的密封玻璃管时，玻璃管中的气体会发出橘红色的光。其他气体如氩气则会发出不同颜色的光。广告代理人雅克·丰塞克看到了将这种玻璃管制成彩色照明标识的潜力。他将玻璃管做成字母和符号的形状，再制成彩色发光的广告牌。1910年，克劳德和丰塞克首次展示了他们的霓虹灯。两年后，他们把第一块霓虹灯广告牌卖给了巴黎的一家理发店。1984年，当时世界上最大的霓虹灯广告牌揭幕。这是一家美国酒店的巨型广告牌，它有38米宽，是由超过六千米长的霓虹灯管制成的。

飞艇

从前，热气球和氢气球只能顺着风的方向飞行，这种情况在1852年发生了转变。法国人亨利·吉法德发明了全世界第一艘自带动力且可操控方向的热气球——飞艇。这种飞艇上半部分是一个44米长的氢气球，气球下面带有一个轻型蒸汽机，这台蒸汽机的螺旋桨每分钟可以转动110次。吉法德的发明启发了很多人，其中就包括斐迪南·冯·齐柏林。1900年，齐柏林创造的LZ1号飞艇进行了首飞。这也是世界上第一艘硬式飞艇——这艘飞艇装载着许多气囊，这些气囊被坚固的框架包围着。后来这种硬式飞艇（也被称为齐柏林飞艇）曾被用于军事活动以及运送平民。

直升机

当直升机的旋翼转动时，直升机就获得了升力，旋翼就像直升机的翅膀。直升机的原型，制造于20世纪30年代，但那时技术还不完善，直到俄罗斯裔美国飞机设计师伊戈尔·西科斯基掌握了使直升机在空中平稳悬停的技术。1939年，西科斯基亲自驾驶着他研发的VS-300直升机首次飞上天空。这架直升机有一副主旋翼——由三片桨叶构成，尾部还有两片较小的旋翼。尾部旋翼可以平衡主旋翼产生的扭矩，使驾驶员轻松操控直升机的飞行方向。没过四年，美国空军就开始使用西科斯基研发的直升机。

无线电

许多人都为无线电的发明和应用贡献了力量。这些人中就包括尼古拉·特斯拉，他在1898年发明了第一台无线电遥控装置——一艘无线电遥控船。伽利尔摩·马可尼在没有电线的情况下，使用了无线电波收发电报信号。1901年，马可尼成功地将信号发送到大西洋彼岸。没过多久，很多船只都装上了这种无线电报机。1909年，在英国皇家邮政轮船共和号上，人们通过这样的一台无线电装置向外界发出了求救信号。这条求救信号挽救了1500多人的生命。此外，雷金纳德·费森登于1906年第一次在公共广播电台播放了音乐。

电视机

电视机的发明者不止一位。许多先驱发明家都在努力尝试通过空气传输图像和声音，再用电视机接收和观看，其中包括美国少年费罗 · 法恩斯沃斯、日本的高柳健次郎和英国人约翰 · 罗杰 · 贝尔德。1925年至1926年间，在贝尔德研制的电视机上诞生了全世界第一个电视图像，图像上是字母表里的字母和一个腹语演员的木偶！四年后，他开始每周播放一档时长为三个半小时的电视节目。不过，贝尔德的机械电视机很快就被俄裔美国人弗拉基米尔 · 兹沃里金开发的电子电视所取代了。这种电视机采用了一种叫作阴极射线管的部件，它可以使电视上的图像变得更加清晰。

望远镜

1608年，荷兰镜片制造商人汉斯·利珀希将两片玻璃透镜装在一根管子中。当他从管子的一端看向另一端时，他发现远处的物体看起来竟然比实际距离近了两到三倍。利珀希的发明引起了意大利科学家伽利略·伽利雷的兴趣，伽利略亲手制作了一架放大倍数更高的望远镜。1609年至1610年间，伽利略利用他的望远镜在天文学上取得了许多进展，比如观测到了月球上的陨石坑，发现了围绕木星运行的四颗卫星。60年后，艾萨克·牛顿爵士发明了一款全新的望远镜——反射式望远镜，它用反射镜取代了透镜。

显微镜

跟望远镜一样，显微镜也是由荷兰镜片制造商人发明的。16世纪90年代，汉斯 · 詹森和撒迦利亚 · 詹森用玻璃透镜放大图像来观察那些微小的物体。那时，显微镜在人们眼中还是个新奇的东西，直到17世纪60年代，英国人罗伯特 · 胡克开始用自己改良的显微镜来探索那些尚未被人类发现的事物，显微镜才渐渐进入大众视野。胡克发现，在显微镜下植物就像是由一块块小积木构成的，他将这种积木块一样的物质命名为细胞。他撰写的《显微图谱》也成为世界上第一本科学类畅销书。这本书启发了荷兰人安东尼 · 范 · 列文虎克，他磨制出一种直径极小的高曲率透镜，并用这种透镜组装了一台显微镜，这台显微镜的放大倍数竟然达到了惊人的270倍。17世纪70年代，他曾用这台显微镜观测到了细菌。

微型计算机

在设计一台电子计算机时，工程师特德·霍夫和费德里科·法金将这台计算机的所有电路和功能都压缩到了一块微型芯片上。他们的这项发明——英特尔4004微处理器于1971年面世。这款微处理器的诞生，加上1968年随机存取存储器（RAM）又取得了创新突破，这两大因素都推动着人类向微型计算机稳步迈进，人类终于能制造出更小、更便宜的个人电脑了。1973年，诞生于法国的米克拉尔N是世界上第一台微型计算机。随后，人们制造出了一系列各式各样的微型计算机。有些微型计算机是由各种配件组装起来的，比如牵牛星8800。后来的机型如苹果II和TRS-80，则更加方便用户使用，这些发明让人们第一次体验到了把电脑带回家使用的乐趣。

机器人

机器人是一种受程序控制的机器装置，它们拥有许多功能，而且能够自己做出决策。因此，它们能在几乎不需要人类帮助的情况下执行任务。1961年，第一台工业机器人在一家汽车工厂里启用。这台尤尼梅特001号机器人由乔治·德沃尔和约瑟夫·恩格尔伯格共同设计完成，多年来它一直不知疲倦地与炽热的金属打交道。此后，数以百万计的机器人被生产出来，许多机器人都配备了超强的运算能力，使得它们在面对选择时可以自己做出决定。机器人可以帮助人类探索火星和地球上的海洋，还可以代替人类执行救援任务、扑灭大火，以及处理那些未爆炸的炸弹。还有一些机器人能够充当人类的家务助理，用作清洁灰尘的吸尘器，甚至还可以成为可靠的“保安”！

自行车

自行车诞生于1817年，当时，卡尔·冯·德莱斯发明了一款跑步机器。若想驱动这辆两轮木质车，需要坐在坐垫上，用双脚在地上奔跑。直到19世纪60年代，用脚向前驱动的方式被利用前轮踏板驱动的方式取代。有些发明家设计的自行车轮子非常大。法国人尤金·迈耶和英国人詹姆斯·斯塔利设计了一款“大小轮自行车”，其前轮直径达到1.5米。1885年，斯塔利的侄子约翰又发明了安全自行车。这款自行车拥有菱形车架，骑车的人可以用手握住车把、用脚踏着踏板，通过人脚对踏板施力，带动链轮和链条，从而驱动后轮——这些特点都已经与现代自行车别无二致。

凯夫拉纤维

20世纪60年代，为了增强汽车轮胎的强度，美国化学家斯蒂芬妮·克沃勒克一直在寻找一种在极端条件下也能发挥良好性能的新材料。克劳莱克在一家化工公司工作，她在这里造出了一种新式的硬塑料纤维，这种纤维就是凯夫拉纤维。凯夫拉纤维的质量很轻，却非常牢固——它的强度是钢的五倍以上。它还能承受450℃的高温和极端的低温。如今，从轮胎到网球拍都在使用凯夫拉纤维来提升强度、增加牢固系数，防撞头盔、防弹衣、手套和其他安全装备也离不开凯夫拉纤维这种强韧的材料，凯夫拉纤维的应用挽救了成千上万人的生命。

邮票

邮政服务虽然已经存在了几个世纪，但许多早期的邮政系统都比较混乱。不同地区的邮费差别很大，而且费用经常由收件人支付。英国邮政改革家罗兰·希尔建议在全国范围内，不论距离远近，对重量不超过14克的信件收取统一的费用，且由寄件人支付。付款凭证则是一张贴在信封上的长方形纸片——一枚邮票。1840年，世界上第一枚国家邮票黑便士在英国发行。它的成功鼓励了其他国家效仿，比如巴西在1843年、美国在1847年也将邮票应用在了自己国家的邮政系统。

气泡膜

1957年的一天，美国工程师阿尔弗雷德·菲尔丁和瑞士化学家马克·沙瓦纳正在车库里工作，他们将两层塑料布贴在一起，在中间的空隙充入了一些气体，使其形成气泡。两个人都觉得他们创造了一款令人激动的新式壁纸，然而，几乎没有买家购买这款产品。于是，他们把这些气泡膜的用途改为温室的隔热材料！不过，同样没有什么商业价值。后来，他们又将这款气泡膜作为一种包装材料推向市场。气泡膜上的气泡有缓冲作用，可以避免精致物品受到磕碰，还不会给包装增加太多重量。计算机公司是使用气泡膜包装的早期客户，用这种气泡膜来保护精密的设备。如今，这种轻便、好用的气泡膜已经成为我们生活中必不可少的用品，尤其是食品包装和软垫信封领域，更是少不了气泡膜的应用。

计时器

最早的计时工具是日影杆。有太阳时，这种直立的杆子会在地面上投下影子，人们通过观测影子来推测太阳在天空中的运行规律。日晷的工作原理跟日影杆类似。然而，在阴天或天黑时，这两种方法几乎没有用处，所以人们又尝试观测蜡烛燃烧的长度，或是观察水从一只碗滴入另一只碗，以此来估算时间。约公元前1400年，古埃及人制作了漏壶（水钟）来计时。中国汉代天文学家张衡创制的浑天仪，是世界上最早的用水力推动的机械仪器。11世纪时，中国大型天文仪器水运仪象台制成，被认为是欧洲天文钟的先驱。到了14世纪，欧洲人利用缓慢下落的重物和拉伸的弹簧发明了机械钟。

钟摆

在金属线或金属杆的末端悬挂上重物，使其能够左右摆动，这便是钟摆。意大利科学家伽利略 · 伽利雷发现钟摆向左和向右摆动花费的时间总是一样的。1656年，荷兰天文学家克里斯蒂安 · 惠更斯利用钟摆的运动规律发明了一种更加精确的时钟。那时候的机械钟，每天可能会超时15到30分钟。惠更斯的摆钟将误差减少到了几秒钟。经过进一步改进后，摆钟成为那时候世界上最精确的计时器。直到20世纪30年代，人们发明了石英钟和电子钟，才打破了摆钟创造的精确纪录。

鼠标

20世纪60年代，美国计算机领域的发明家道格拉斯·恩格尔巴特通过不断的测试找到了一种高效的、便于用户控制电脑屏幕上光标的方法。就这样，他发明了一种叫作鼠标的小盒子，它身上连着长长的电线，就像尾巴一样，盒子下面还有两个互相垂直的金属轮子。当人们拿着这个小盒子在桌面移动时，轮子也会随之转动，并发出信号，控制屏幕上的光标使其移动到指定位置。1963年，恩格尔巴特的同事威廉·英格利什又用一个木盒和一个按钮设计了一个鼠标雏形。后来版本的鼠标是用塑料制成的，最初的轮子也被换成了一个可以转动的圆球。最终，数百万只鼠标随之上市。

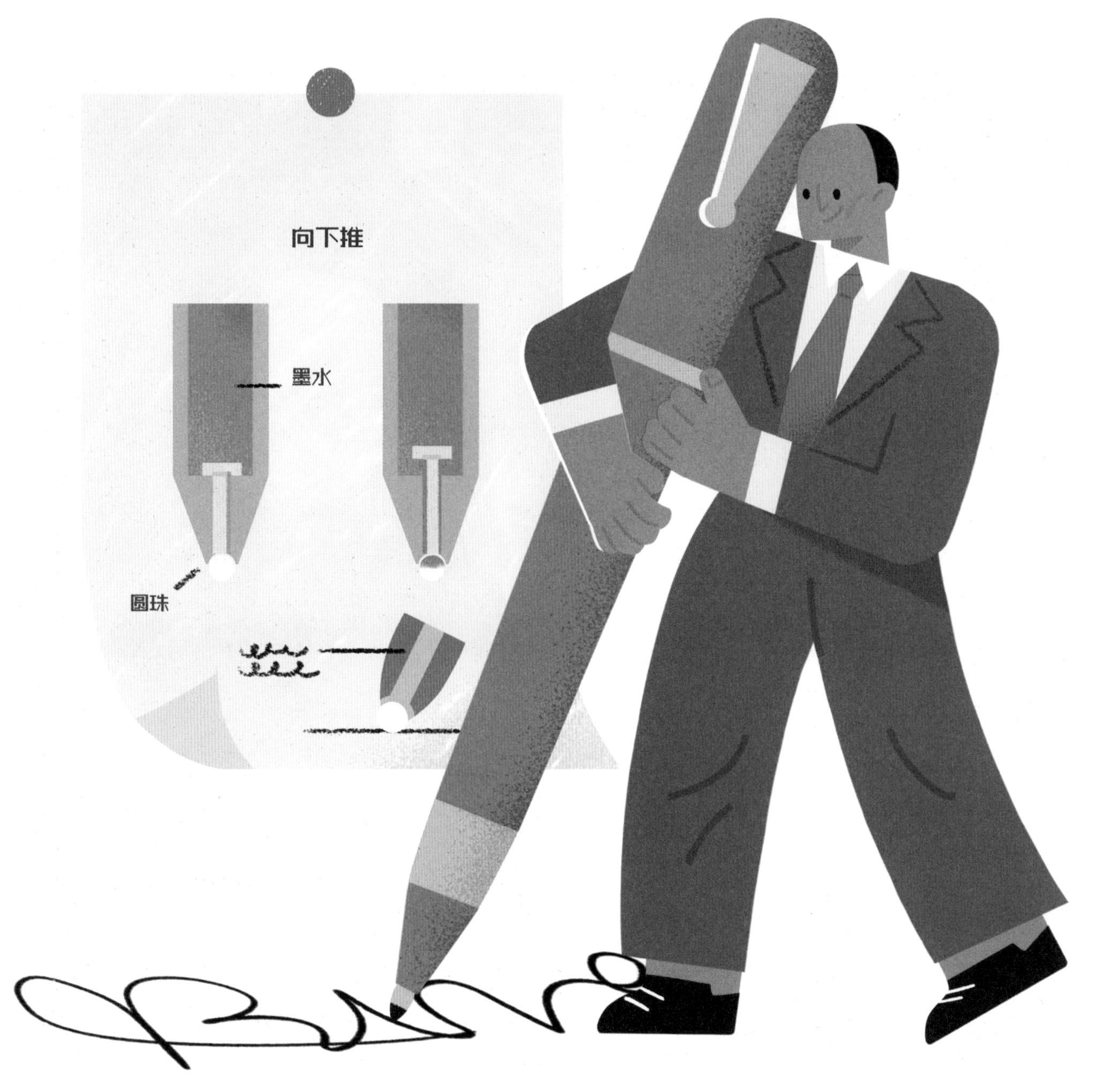

圆珠笔

1888年，美国人约翰·J.劳德发明了一款圆珠笔，并申请了专利，但这项专利并没有让他赚到钱。50年后，匈牙利记者拉迪斯洛·比罗也发明了一款圆珠笔，其笔尖上有一个小小的金属圆球。当笔尖在纸上移动时，小圆球就会转动，从笔芯中带出浓稠的速干墨水。这款圆珠笔刚一面世就引起了人们的关注，人们惊叹于它超长的使用时间，并且书写时还不会在手上漏墨或是在纸上留下多余的墨迹。比罗将他的专利授权给其他钢笔制造商，其中有一位名叫马塞尔·比奇的法国人，他利用比罗的创意，生产了一款名为BIC的一次性圆珠笔，这款笔的销量超过1000亿支。

人造卫星

1957年，苏联成功向太空发射了一颗人造地球卫星，发射该卫星用的运载火箭是由洲际导弹改装的。这颗卫星名为人造地球卫星1号，它在全球范围内引起了巨大的轰动。这个直径约半米的球形装置绕着地球飞行了约1400圈，成为世界上第一颗人造地球卫星。在人造地球卫星1号的金属球内部设有无线电发射机，无线电发射机由三块电池组成的电池组供电，使其可以持续向地球发送信号。在那时，业余无线电爱好者还可以追踪这颗人造卫星的运行轨迹。在此之后，成千上万颗人造卫星被送入太空，完成了一系列有价值的工作，包括拍摄地球图像、探测气象，以及在地球的不同地点之间转播电视信号和其他通信信号。人造卫星完成的这些工作，对人类来说意义非凡。

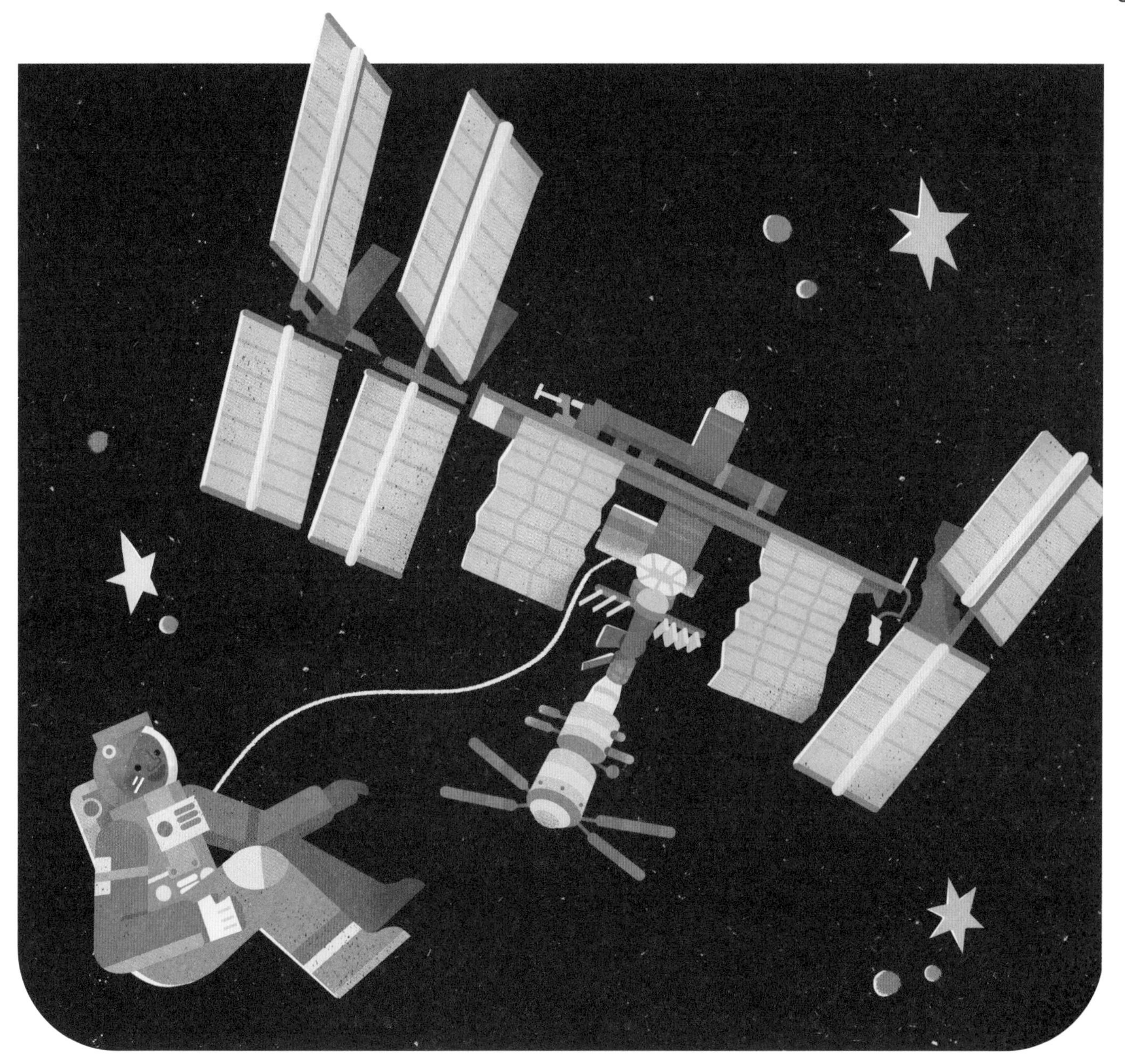

空间站

在人类发明空间站之前，航天员们只能在太空中停留几天时间。空间站可以一直绕着地球运行几个月或几年，在太空中为航天员提供一个可以长期居住的家园。1971年，苏联发射了第一个礼炮号空间站，这也是七个礼炮号空间站中的第一个。早期升空的空间站都是整体发射的，但从1998年开始，国际空间站（ISS）改变了这种模式，它是由一个个功能各异的模块在太空中组装起来的，就像拼装模型一样。国际空间站有一个标准足球场那么大，里面的居住空间相当于一栋有五间卧室的房子那么大。除了宽敞的居住区，国际空间站还配有健身器材，有两个马桶，但没有淋浴，十多年间，已经有来自19个国家的240多名航天员在这个温暖如家的空间站中居住过。

电影

1895年，世界上第一批电影观众聚集在巴黎的格兰德咖啡馆里。在那里他们连续观看了十部黑白电影，每部时长都不超过一分钟，这些影片让他们大为惊讶。这些移动的图片或者影像，是法国兄弟奥古斯塔·卢米埃尔和路易斯·卢米埃尔用他们的活动电影机拍摄出来的。这种电影机会以每秒16张照片的速度把影像记录在一长卷胶片上。这款机器还能巧妙地用作投影仪，只要用一盏灯将图像投射在一面墙或一张屏幕上，许多人就能够一同观看影片。当电影机一张接一张地快速播放这些连续的照片时，就会让人产生图像在动的错觉。

嗅觉电影

有些发明如果在当时那个年代，看起来的确是个很棒的主意！在20世纪50年代，电视业蓬勃发展，电影业也想方设法来吸引大批观众。汉斯·E·劳贝发明了一套由电扇和数百米长的管道组成的系统装置，它可以向每个电影观众的座椅传送各式各样的气味。劳贝设计了大约30种气味，比如烤面包味、海洋空气味、橘子味和玫瑰味等，当电影中出现某些特定画面时，这些美妙的气味会经过管道释放出来。1960年，为了给人们展示什么是真正的嗅觉电影，一部耗资巨大的电影《神秘的气味》制作完成，制作方甚至计划要拍100部嗅觉电影，不过这项昂贵的发明并没有流行起来！

交流电

电流既可以是直流电（DC），也可以是交流电（AC）。1882年，托马斯·爱迪生在伦敦和纽约先后建立了两座世界上绝无仅有的直流发电站，但发出的电力只能输送很短的距离。美籍塞尔维亚人尼古拉·特斯拉开发了产生交流电和分配交流电的技术。这种技术可以将电力输送到更远的地方，这也意味着不用再建造那么多发电站为城市供电了。特斯拉得到了商人乔治·威斯汀豪斯的支持，并在19世纪80年代与爱迪生展开了一场“电流之战”。这场“交战”过后，交流电胜出，而且至今交流电仍然是现代世界的主要电力供应方式。

涡轮

在过去，人们一直利用风力驱动风车，再借助风车的力量碾磨谷物或抽水。19世纪80年代，有两个人各自发明了属于自己的风力涡轮机，这种机器可以为发电机提供动力，让发电机产生清洁、无污染的绿色电能。其中一位是英国人詹姆斯·布里斯，他建造了一个十米高的涡轮机。另一位是美国工程师查尔斯·布鲁什，他设计了一台有144个叶片的涡轮机，并在完成设计后的第二年把它制造了出来。19世纪90年代，丹麦保罗·拉库尔开发了一台四叶片涡轮机，为小村庄供电。在这些发明家的努力下，世界上诞生了成千上万台涡轮机。如今，风力发电厂都是把许多台涡轮机组合在一起进行发电的，由涡轮机驱动的风力发电产生的电量已占全球发电总量的近5%。

魔术贴

瑞士电气工程师乔治·德·梅斯特拉尔在一次外出散步时，发现很多植物毛刺会粘在衣服和狗狗的毛上，这引起了他的好奇。他把这些毛刺带回家，放在显微镜下观察，他发现毛刺表面竟然有大量的小钩子，这些钩子恰好可以钩住衣物的纤维和动物的皮毛。在对各种材料进行试验后，德·梅斯特拉尔改装了几对固定带。其中一条带子上有成千上万个小钩子，另一条带子上则布满了极为细小的、呈小圈圈状的纤维——这就是如今我们常常用到的魔术贴。魔术贴于1955年面世后，被用作衣服、包包和鞋子的方便系扣。到1960年，魔术贴每年生产的数量已超过了5000万米，为人们的生活带来了极大的便利。

蹦床

1930年，16岁的体操运动员乔治·尼森在观看了一场马戏表演后，受到启发，他想做个类似空中飞人节目中用到的安全网的弹跳网。于是，他在父母的车库里，将一大块帆布固定在绑有轮胎内胎的铁框上，就这样他发明了一个属于自己的弹跳装置。大学期间，尼森和他的健身教练一起改进了这种弹跳装置，用弹簧替换了原来的橡胶配件（轮胎内胎）。1942年，蹦床开始在市场上售卖，这项发明不仅开创了一项全新的运动，也成为许多人新的爱好。尼森并不是唯一一位有名的年轻发明家。英国人彼得·奇尔弗斯发明风帆冲浪板时只有12岁，而弗兰克·埃珀森发明冰棍时才11岁！

电话

1861年，德国的约翰 · 菲利普 · 赖斯做了一件有趣的事，他试图将声音转换成电流，通过电线传输出去，然后在另一端再将电流转化成声音。为了测试这台设备的通话效果，他对着它随便说了一句话：“这匹马不吃黄瓜沙拉！”令人遗憾的是，他并没有进一步开发这台设备。十年后，伊莱沙 · 格雷、安东尼奥 · 梅乌奇和亚历山大 · 格雷厄姆 · 贝尔竞相研制出了实用电话，并纷纷申请了专利。在他们中，最先获得成功的人是亚历山大 · 格雷厄姆 · 贝尔，他于1876年成功研制出电话，也由此引发了长达20年的法律纠纷。在那段时间里，人们安装了成千上万部电话，人人都能够方便地与远方的朋友、亲人打电话。

耳机

为什么用耳机能听到音乐呢？原来，耳机里装着小型扬声器。当耳机接收到来自声源的电子信号后就会振动扬声器的振膜，于是声波就产生了。19世纪80年代，话务员最先用上了仅佩戴在一只耳朵上的单耳扬声器，这种扬声器较重。1910年，美国人纳撒尼尔·鲍德温发明了舒适的双扬声器耳机。在接到美国海军的100对耳机订单后，鲍德温就在家里厨房的餐桌上制作了订单上的所有耳机！1958年，第一款立体声耳机问世。2015年，第一款真正的无线入耳式耳机——安桥W800BT问世。而在此期间，阿马尔·博塞博士发明了一款降噪耳机，这款耳机可以消除背景声音，为人们打造沉浸式的聆听环境。

洗碗机

约瑟芬·科克伦在用手洗碗碟时经常会不小心磕破一些精致的瓷盘，这让她感到十分恼火，于是，她决定解决这个问题。这位美国家庭主妇发明了一种装有金属篮的机器，用来盛装她那些珍爱的陶器，只要把碗碟固定在机器里清洗，就可以避免磕磕碰碰了。科克伦把装满碗碟的金属篮放进一个铜锅炉，锅炉里事先放好了一个转轮，金属篮则置于该转轮上，这个转轮可以用手或马达来驱动。当转轮带动陶器转动时，锅炉中喷溅的热水就会将餐具清洗干净。1886年，这款洗碗机获得专利后，科克伦成立了一家公司，并把她的发明专利卖给了当地的餐馆和酒店。她还做了一些更大的洗碗机，其中一台可以在两分钟内清洗240个盘子！

切片面包

美国珠宝店老板奥托·罗威德对制作切片面包的态度非常认真！认真到什么程度呢？他直接在报纸上刊登了一份广告，这份广告的内容是想请人们告诉他，一片面包的理想厚度究竟是多少。结果，他收到了三万多条回复。1912年，他终于发明了面包切片机的雏形机，不过，1917年的一场工厂大火摧毁了他进一步的研发计划。直到1927年，他又制造出一种新的改良版电动面包切片机。那时，电动面包切片机越来越受欢迎，这也让他的发明受到了追捧。罗威德的电动面包切片机配有锋利的钢刀，可以将面包切成均匀的薄片。到20世纪30年代中期，美国市面售卖的面包，有三分之二都是预先切好的切片面包。

留声机

托马斯·爱迪生向人们展示了世界上第一台有录音和回放功能的机器——留声机，当时这台留声机正唱着“玛丽有只小羊羔”这句歌词。爱迪生于1877年发明的这台机器可以将空气中振动的声波收集起来。爱迪生的做法是，用一张箔纸包裹住一个圆筒（后来的版本用蜡纸代替了箔纸），再用一根可以移动的金属唱针在箔纸上刻下声波振动的凹痕。当重新播放这段声音时，这些凹痕会使唱针振动起来，由此重现那段声波。1887年，埃米尔·贝林纳研制出唱盘式留声机系统，将声音记录在扁平圆盘上，取代了原来的圆筒。这些圆盘后来被称为唱片，这种唱片更容易复制，存储的录音时长也更久。

流式传输

流式传输主要指通过网络传输媒体（如视频、音频）的技术总称。流式传输时，音乐或影像由服务器向客户端连续地、实时地传送，客户端不必等所有数据发送完就可以访问这些数据。在流式传输技术出现之前，就已经有了电传簧风琴这样的设备。在19世纪90年代，电传簧风琴通过电话线为纽约的听众实时播放音乐。在这里，我们提到的媒体是指信息的表现形式，比如声音、图像就属于视听媒体。20世纪90年代，这类媒体通过互联网广泛传播开来。1995年，一个体育频道进行了全球第一次流式直播——直播内容是对一场棒球比赛的广播解说。互联网速度变得更快之后，人们建立了许多视频分享网站和流媒体网站。

塑料

塑料是高分子聚合物，它是由多个小分子通过聚合所形成的高质量长链条。在塑料中添加添加剂，能够增强其性能。世界上第一种合成塑料，是酚醛树脂，由比利时化学家利奥·贝克兰德于1907年发明。贝克兰德发明的酚醛树脂由煤焦油制成，价格低廉，易于成型，还经受得住电流和高温，因此在电气工业中得到广泛应用。随着发明家们不断地研究和创新，世界上诞生了越来越多新式塑料，比如1929年的苯乙烯、1933年的聚乙烯和1935年的尼龙。事实证明，塑料用途广泛，生产成本低廉，而且经久耐用，因此大受欢迎。不过，大部分塑料需要450年或更长的时间才能生物降解（在自然中分解），随着塑料垃圾的不断增加，如何处理这些垃圾已经成为人类需要深入思考的问题。

芭比娃娃

在20世纪50年代，许多孩子喜欢玩布娃娃或纸娃娃。露丝·汉德勒却另辟蹊径，她制作了一个身高29厘米的塑料模特——这是一个迷人的年轻女性玩具娃娃，它还可以更换不同主题的服装。汉德勒为这个娃娃取名为芭比，这是以她女儿芭芭拉的名字昵称命名的。1959年，在纽约玩具博览会上，芭比娃娃正式亮相，第一年就售出了35.1万个。1961年，芭比娃娃的“男友”肯面世。1968年，汉德勒推出了会说话的芭比娃娃。1980年，她又推出了外貌为拉美裔和非裔美国人版本的芭比娃娃。人们为芭比娃娃制作了成百上千套服装和配饰。如今，每分钟大约就会有100个经典的芭比娃娃在150多个国家售出。

X射线

1895年，德国科学家威廉·康拉德·伦琴在用射线管做实验时发现了一种神秘的能量波，他把这种能量波称为X射线。这些高能波可以穿透皮肤、肌肉和身体柔软的部分，但不能穿过骨头或金属。伦琴让他的妻子把手放在X射线和照相底片之间，拍摄出了世界上第一张人体内部组织的X射线图像。从那时起，世界各地的医院里纷纷设立了放射科，医生用X射线为病人检测骨折、肺部感染和其他疾病问题，挽救了许多人的生命。此外，X射线也被用来研究材料的内部结构。

光伏发电

1839年，19岁的法国人埃德蒙·贝克勒尔发现了光伏效应——当阳光照射在某些特定的材料上时就会产生电流。1883年，查尔斯·弗里茨成为世界上第一位成功制造出有效光伏电池的科学家。不过，这种光伏电池的光电转化效率只有1%，这意味着99%的能源都损失了。从那以后，许多科学家和工程师一直在努力创造更高效的光伏电池。从20世纪50年代末开始，世界上第一块装满光伏电池的实用太阳能电池板开始为太空中的人造卫星供电。如今，光伏电池的光电转化效率已经达到了20%，甚至更高。光伏电池产生的电力约占全球总电量的3%，而且这种供电方式对地球几乎没有污染。

雨刮器

世界上第一个发明风挡玻璃雨刮器的人，竟然从来没有开过车！玛丽·安德森发现，每当下雨、下雪或刮起沙尘时，纽约的司机们都不得不多次下车清除风挡玻璃上的雨水、尘土和厚厚的积雪。她由此受到了启发。安德森做了一个简单的解决方案，她在一条钢臂上安装了一个橡胶雨刮片，只要在车里用手掰一下操纵杆，这条钢臂就会在风挡玻璃外面来回摆动，刮掉雨水。1903年，她拿到了一项美国专利，不过这项专利并没有在商业上取得成功。14年后，另一位美国女性夏洛特·布里奇伍德发明了世界上第一款电动雨刷器，并用清洁辊取代了刮片。

猫眼道钉

1934年，为了解决道路安全问题，英国人珀西·肖想出了一种巧妙而又简单的方法。人们在晚上开车时，经常会遇到没有路灯的道路，视野中不但一片漆黑，有时还会碰到大雾弥漫的路况，在这种情况下，驾驶员经常因为看不清路而把车开出车道。为了减少碰撞和事故，珀西·肖把四颗能反光的玻璃珠镶嵌在了一个软橡胶拱顶里，拱顶下面连着一个钢制的底座，便于固定到路面上。这便是具有反光效果的道钉，绰号叫作猫眼，它们通常被安装在道路中间，每隔几步就会安装一个。道钉中的玻璃珠可以反射汽车前灯射出的灯光，这些反光能够明确指示出道路两侧的位置，且无须任何电力供应。从那以后，人们制造了千千万万个猫眼道钉。

条形码

条形码是由一系列平行的粗线和细线组成的，有些机器可以扫描和读取条形码，比如结账时用到的扫码枪。每个条形码都代表一个用来识别产品的唯一代码编号，计算机会通过这个代码编号来跟踪每件产品的销售、库存和交付情况。条形码的创意来自一位年轻的工程师乔·伍德兰，1949年，当他在迈阿密海滩上用手指在沙子上画出一些线条时，脑海中忽然萌生了条形码的想法。但伍德兰最终做出来的只是一种可以读取信息的图形符号，受制于当时的技术条件，并没有得到广泛应用。1974年，计算机和激光方面的技术飞速发展，乔治·劳雷尔在伍德兰研究的基础上发明了一个实用的条形码系统。这个系统第一次扫描的是一包口香糖的条形码，从此，人类开启了条形码时代！

激光

激光是原子在受激辐射放大过程中发出的光，它不但可以照射到很远的地方，还不会扩散。1960年，美国工程师西奥多 · H.迈曼利用摄影闪光灯发出的光激发了一根红宝石晶体棒中的原子。原子产生了一股能量流，这股能量流从晶体棒中以光子的形式直射出来，这就是人类创造的第一束激光。从那以后，人们开始制造各式各样的激光器来完成数以百计的任务。有些激光器能够安全地扫描条形码、读取高密度数字视频光盘（DVD）或是打造一场灯光秀，还有些大功率的激光器可以精准地切割材料。医用激光器常常在眼科手术中大显神通，有时医生还会用它在手术中帮患者修复血管。

作者的话

从最早出现的犁，到最新研制的电脑和3D打印机，这可是一段相当漫长的旅程呢。我无比希望你们会喜欢这些绝妙的发明，还有这些令人惊叹的发明者。挑出这100项发明是很困难的，因为还有数百个不可思议的发明故事，我都想要讲给你们听。读完这本书，哪些发明是你最喜欢的呢？哪些又是最令你惊讶的呢？你认为哪项发明对世界的影响最大？你有没有想过哪一项发明，要是你自己的点子就好了？又或是，有没有哪一位发明家，是你非常想见到的？我也是个喜欢鼓捣点小发明的人，我发自内心地想告诉你们一件事：不管你是个孩子，还是一位颤巍巍的老人，你都可以发明创造，永远不要觉得自己年龄太小或是年纪太大。事实上，你现在、立刻、马上，就可以开始发明！思考一下，你想用你的发明来解决什么问题呢？你会怎样设计它、实现它呢？认真思考一下，然后动手做个模型……我在这里，祝你一切好运！

克莱夫·吉福德

青少年发明家

亚历山大·格雷厄姆·贝尔不仅发明了电话，还发明了许多别的东西，比如快艇的水翼，还有一些早期的金属探测器。他12岁时就拥有了第一项发明，那是一套可旋转的刷子，用来去除小麦的外壳，这项发明被邻居的面粉厂使用。许多发明家在年纪很小的时候就开始发明创造了。一起来看看这几个著名的例子吧。

布莱士·帕斯卡

这位法国神童在数学上非常有天赋，不到13岁就能帮父亲纠正账目了。帕斯卡的父亲是一名税务员，1642年，19岁的帕斯卡为了帮父亲减轻计算税款的负担，发明了第一台实用的机械计算器。

切斯特·格林伍德

15岁的切斯特·格林伍德发现，在寒冷的冬天就算用围巾把耳朵裹住，耳朵依然很难暖和起来，于是他尝试了另一种方法。1873年，他用金属丝做了一个框架，又剪了两块暖呼呼的海狸皮垫在两侧，就这样格林伍德发明了史上第一个耳罩。格林伍德一直经营着他的耳罩生意，这件发明在当时卖出了成千上万件，但他并没有停下创新的脚步，他又发明了新型耙子、火花塞和折叠床等！

约瑟夫·阿尔芒·庞巴迪

1922年，这个喜欢做实验的15岁少年，将福特T型汽车发动机安装在了四腿木质雪橇上。发动机带动推进器，驱动着这辆简易小车在雪地中呼啸前进，这就是庞巴迪当年的新发明——雪地摩托。

迪皮卡·卡拉普

有一次去印度旅行，卡拉普震惊地发现那里的孩子们一直喝的竟然是脏水，她发誓要为此做些什么。卡拉普是个思维敏锐的小化学家，她发明了一种净化材料，当这种材料被阳光照射而激活时，就可以清除水中的细菌。凭借这项发明，年仅14岁的卡拉普赢得了“探奇教育3M青少年科学家挑战”的高额奖金。

鲁曼·马利克

2018年，这名11岁的英国女学生发明了一款警报盘。这个极富创意的水果盘是为了避免人们浪费食物而设计的。它有一个小小的触摸屏，可以在水果开始腐烂之前提醒人们尽快将其吃掉。

发明大事年表

公元前4500年左右

为了挖开坚硬的土壤，更容易种植庄稼，人们发明了世界上第一架犁。

公元前2000年—公元前1500年

古埃及人发明了许多有用的工具，比如剪刀、锯子、锁和钥匙。

公元前1200年左右

当人们开始使用铁这种多功能金属来打造坚固的工具或物品时，铁器时代开始了。

公元前750年左右

亚述人发明了滑轮，这种装置让人们提、拉重物变得更容易了，后来在起重机和其他机器中也发现了这种滑轮。

公元前240年左右

古希腊思想家阿基米德描绘了杠杆是如何工作的。千百种不同的设备中都用到了杠杆。

105年

中国古代首次记载了纸的制作细节。

231年

独轮车在中国诞生。

15世纪50年代

活字印刷机在欧洲出现，从此，信息传播得比以往更广泛了。

1609年

最早的望远镜是由荷兰镜片制造商发明的，包括伽利略·伽利雷在内的一众欧洲科学家，又迅速对此进行了改进。

1656年

荷兰科学家克里斯蒂安·惠更斯发明了摆钟——比早期的钟表更精确。

1764年

詹姆斯·瓦特改进了蒸汽机，促进了蒸汽机在工业中的广泛应用，后来，铁路机车开始用蒸汽机来驱动。

1783年

蒙哥尔费兄弟发明了世界上第一款载人热气球。

1804年

理查德·特里维希克展示了第一台能够拉着货车车厢沿铁路轨道前进的蒸汽机车。

19世纪30年代

人们发明了电报机。信息第一次通过电线远距离传送出去，并在几秒钟内到达目的地。

1847年

托马斯·爱迪生出生了。这位美国人成为世界上最多产的发明家之一，在照明、发电、声音和视觉方面做出了重大贡献。

1856年

英国工程师亨利·贝塞麦发明了一种用低廉的价格生产优质钢材的工艺。钢成为最重要的材料之一。

1859年

法国科学家加斯顿·普兰特发明了第一块可充电电池。

1876年

①尼古拉斯·奥托完善了一台实用内燃机——这是一种日后被用来为汽车、摩托车、船只和飞机提供动力的发动机。

②全世界第一套成功且可用的电话系统专利由亚历山大·格雷厄姆·贝尔申请获得。

1885年

卡尔·本茨发明了第一辆由内燃机驱动的实用汽车。

1890年

阿尔蒙·斯特罗格发明了世界上第一台自动电话交换机，加快了电话连接的速度。

1903年

莱特兄弟发明的全世界第一架比空气重的飞机飞上天空，开创了航空时代。

20世纪30年代

在这10年间，人们开发出许多有用的新式塑料，比如聚乙烯和尼龙。

1937年

这一年，喷气式发动机分别由两个人在两个国家各自发明，他们是德国的汉斯·冯·奥海因和英国的弗兰克·惠特尔。

20世纪40年代

第一台电子计算机是在第二次世界大战期间制造的。这套机器体积庞大，能塞满一整个房间，它能够进行复杂的数学运算。

1947年

三位美国工程师——约翰·巴丁、沃尔特·布拉顿和威廉·肖克利一同展示了世界上第一个晶体管。有了这种小型电子元件，人们能创造的电子产品越来越多。

1957年

苏联成功发射了世界上第一颗人造卫星人造地球卫星1号。

1960年

美国科学家西奥多·H·迈曼发明了第一台实用激光器。

1961年

世界上第一台为工作而生的机器人，由乔治·德沃尔和约瑟夫·恩格尔伯格发明，并在这一年进入美国一家汽车工厂工作。

1972年

第一台便携式电子计算器诞生于日本。

1975年

第一台实用数码相机是由美国工程师史蒂夫·萨森发明的。

1981年

世界上第一款市售山地车——由自行车品牌“闪电”推出的“短跑运动员”，开始售卖。

1991年

蒂姆·伯纳斯-李建立了万维网，并开始运行这个网站。

1998年

国际空间站（ISS）的第一个太空舱被送入太空。

2002年

iRobot公司发明了世界上第一台吸尘机器人。

21世纪10年代

3D打印的价格变得亲民，也越来越受欢迎，尤其在刚崭露头角的发明家群体中很受青睐。

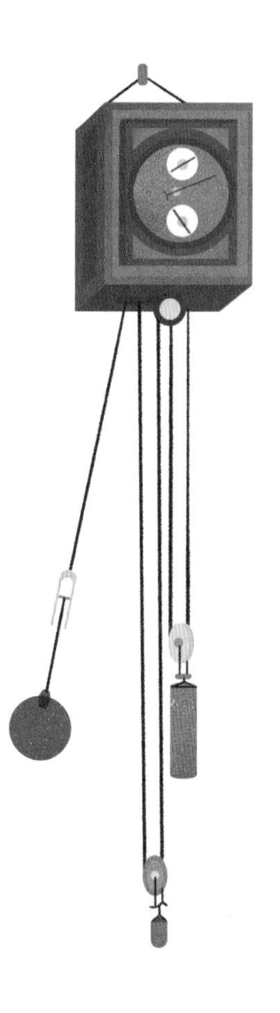

词语表

人造 人工制造的，非天然的。

自动化 在没有人直接参与的情况下，机器设备或生产管理过程通过自动检测、信息处理、分析判断等，自动地实现预期操作或完成某种过程。

氢 最轻的化学元素——仅由一种原子构成。

互联网 一种由计算机网络组成的全球网络，计算机可以通过它互相发送信息，实现通信。

分子 分子由原子构成，是物质中能够独立存在的相对稳定并保持该物质物理化学特性的最小单元。

轨道 在航天科学中，轨道指天体在宇宙间运行的路线。

专利 法律保障创造发明者在一定时期内由于创造发明而独自享有的利益。

编程 使用编程语言来写指令，指令被翻译成计算机能够读懂的格式，最后由计算机执行指令。

苏联 苏维埃社会主义共和国联盟的简称，于1922年成立。1991年12月，15个加盟共和国全部成为独立国家，苏联解体。